基于本体的跨平台应用软件移植技术研究

Cross-platform Application Software
Transplant Research Based on Ontology

李睿 吴庆波 廖湘科 / 著

江西科学技术出版社

图书在版编目(CIP)数据

基于本体的跨平台应用软件移植技术研究 / 李睿，吴庆波，廖湘科著．— 南昌：江西科学技术出版社，2019.2（2021.1重印）

ISBN 978－7－5390－6683－7

Ⅰ.①基… Ⅱ.①李… ②吴… ③廖… Ⅲ.①软件移植－研究 Ⅳ.①TP311.54

中国版本图书馆 CIP 数据核字(2018)第第 300657 号

国际互联网(Internet)地址：
http://www. jxkjcbs. com
选题序号:ZK2018582
图书代码:B18292－102

基于本体的跨平台应用软件移植技术研究 李睿 吴庆波 廖湘科 著

出版发行 江西科学技术出版社
社址 南昌市蓼洲街2号附1号
邮编:330009 电话:(0791)86623491 86639342(传真)
印刷 三河市元兴印务有限公司
经销 各地新华书店
开本 787mm×1092mm 1/16
字数 145 千字
印张 9
版次 2019 年 4 月第 1 版 第 1 次印刷
2021 年 1 月第 1 版 第 2 次印刷
书号 ISBN 978－7－5390－6683－7
定价 39.00 元

赣版权登字－03－2018－480

前 言

在计算机技术发展的早期,应用软件的开发和运行与软硬件环境紧密相关。随着软硬件技术的发展,软硬件环境在快速更新换代的过程中不断推陈出新,一方面,软硬件环境变得越来越复杂,另一方,软硬件环境也在向多样化发展。这就给应用软件提出了高要求,要求应用软件能具备兼容更多不同平台的能力,因此应用软件面临移植到不同软硬件环境上的需求。

目前,通过分析和修改待移植应用软件的源代码,使调整后的应用软件能符合目标平台的运行要求,是一种有效的、受控的移植技术。它不仅能很好地解决应用软件对软硬件环境的依赖问题,也是软件跨平台移植方案中较为彻底的方法。然而,随着各大应用领域的软件系统日趋大型化和复杂化,对源代码的分析和修改也变得越来越具有挑战性。

软硬件环境中,操作系统与应用软件关系最为紧密,它封装了软硬件资源,仅对上层应用软件提供一组称为系统调用的接口,应用软件通过调用这组接口获得软硬件环境提供的服务,因此要让应用软件从一个平台移植到另一个异构平台,对源代码的分析和修改的重点就在于这组系统调用接口,不同的操作系统提供了不同的系统调用接口,为了让对源代码的分析和修改过程变得更为智能和简捷,本书试图从静态和动态两个方面对接口进行形式化建模,并构建不同操作系统之间系统调用接口之间的映射模型。

对于涉及数据处理的应用软件,在它们的源代码中还可能会有一处与平台相关,那就是对数据库操作的编码实现。这是因为不同的操作系统支持的数据库有所不同,而不同的数据库在数据类型、函数、数据操作以及存储过程等各方面都存在差异性。本书还尝试给出了不同数据库在数据类型、函数、数据操作以及存储过程上的映射模型。

在内容的编排上，主要包括三大部分内容：

一、基于本体的接口模型

每个操作系统都为程序员的开发提供了大量的系统调用。系统调用与其他函数调用混合在一起按需出现在代码的各处。在对源代码的修改过程中，要通过手工来查找替换，不仅需要程序员熟悉不同平台所提供的系统调用，而且需要精通对它们的使用，即便如此，也难免会有疏漏之处；同时对于大型应用软件而言，这种方式是烦琐而低效的。针对这一问题，本书分析了接口的通用属性及特性，以及在程序中接口与接口可能存在的各种关系。并在此基础上，给出了一种基于本体的接口模型，从静态和动态两个方面对接口进行形式化建模。通过本体来对接口进行形式化建模，接口就不再是一个个孤立的函数名了，而是被赋予了语义。在对源代码中所使用的系统调用进行定位时，通过语义关系进行快速定位可以避免对接口依次逐个进行匹配，从而可以大大提高匹配的效率。通过实验验证了这一方法的高效性和正确性。并与手动标注相比较，不论是在时间开销还是在准确率上，本方法都更具优势，尤其随着软件规模的增大，这种优势愈加凸显。

二、基于本体的系统调用接口映射模型

将系统调用从源代码中标注出来是为了对它进行修改，使代码能被目标平台支持，这种修改需要做到修改前后代码功能等效、外部行为一致。如果采用手动修改，n 个程序员会有 n 种修改方式，修改后的代码质量往往取决于程序员对系统调用和平台差异性的熟悉程度，以及编码经验。这其中有太多的不确定性，而这些不确定性可能最终导致代码的可读性变差，在目标平台上无法运行等问题。针对这一问题，本书从分析 Windows 和 Linux 操作系统的差异性入手，通过对 78 个常用 Windows API 的分析，归纳总结出系统调用之间的五类接口映射关系，并提出了一种基于本体的异构操作系统间系统调用的映射模型。通过接口的本体模型与接口的映射模型，为系统调用接口的替换提供了两种显式的解决方案。实验证明，当为定位的系统调用提供目标平台上相对应的系统调用的函数型构序列时，可以为程序员提供清晰的逻辑思路，节省查询手册的时间；而在为定位的系统调用提供模拟实现时，在理想的情况下，可以实现程序员不对代码进行任何附加修改，代码还能在移植的目标平台顺利编译和执行。与基于内核修改的软件移植技术比较，本方法在适应性和安全性上更优；与基于中间层的移植技术比较，本方法虽然工作量稍大,但是可以使移植后的应用软件不用受限于中间层的功能与性能;与基于代码重构的软件移植技术的比较,本方法不仅在工作量、复杂度、风险以及成本等各方面更占优势,并且灵活性、可控性和准确性都要更好。

三、基于本体的数据库操作映射模型

大部分应用系统都涉及数据处理操作,会与各种各样的数据库打交道。这些系统中并不是所有的应用系统都会有类似 hibernate 的数据持久层。有的可能是系统在设计时就是针对特定数据库的,有的是因为权衡了内存消耗、效率等诸多因素后弃用持久层的。不论是哪种原因,这种情况下,代码中都会有对特定数据操作的编码实现,那么若是在移植过程中更换了数据库,就需要对这部分代码进行修改,同样这种修改也要保证功能等效、外部行为一致。由于 SQL 语句的语义是与平台无关的,当它的语义与不同数据库支持的 SQL 语法相结合,就得到了可以在不同数据库上执行的 SQL 语句。本书以 SQL Server 和 MySQL 为例,分析两者在数据类型、函数、数据操作以及存储过程等方面的差异性,建立它们之间的映射关系,并在此基础上,给出了一种基于本体的异构数据库间的映射模型,并且引入 5W1H 方法,将 SQL 语句中的语义要素与语法分离,通过映射模型来替换 SQL 语句与平台相关的语法,以实现对 SQL 语句的修改。实验证明本方法可以保证同一个操作语义,与不同的数据库所支持的 SQL 语法结合后得到的数据库操作语句,功能等效,且外部行为和结果一致。与基于 DAO 的持久层解决方案比较,本方法能更快速实现对代码的修改,减轻程序员的工作量;与基于 ORM 的持久层解决方案比较,本方法更具备通用性,且更为彻底,执行效率更高,所需资源消耗更小;与其他模式的持久层解决方案比较,本方法更加轻量级,更加简单易操作,并且不会对数据访问效率带来额外的影响,也不会有更多的系统资源消耗,在数据操作出现错误时,还可以清晰跟踪处理过程中数据操作的状态流转。

本书可作为专业技术人员,诸如软件分析人员、设计人员、开发者、软件工程师和编程人员的参考书。

本书由李睿、吴庆波、廖湘科著。感谢徐健、程宁宁等为本书的编辑提供了有力的技术支持。

由于时间仓促,书中难免存在错误和不足之处,欢迎读者批评指正。

目　录

第一章　应用软件跨平台移植技术的发展

1.1　软件移植技术的出现

在计算机技术发展的早期,应用软件的开发和运行受限于特定的软硬件环境。随着软硬件技术的更新发展,一些软硬件慢慢退出历史的舞台,被技术上更成熟、更可靠的软硬件所取代。从软件使用者的角度来说,应用软件在使用多年后,用户已经习惯了应用软件的界面及操作,而新的软硬件环境不仅要有利于提高应用软件的运行性能,还要能为使用者提供更好的用户体验。要在升级软硬件环境的同时,不影响用户的使用习惯。如此,应用软件便面临移植到不同的软硬件环境上的需求。从软件提供商的角度来说,所开发的应用软件能否适应新的、更多的软硬件环境,从一定程度上决定了软件竞争力以及市场占有率,因此对软件提供商而言,同样也有将应用软件移植到不同的软硬件环境上的需求。

通常情况下,软件移植意味着软件不加任何改变或通过转换(手动或由计算机自动进行)由一台计算机转移到另一台具有不同处理器或操作系统的计算机上顺利运行,并且功能与转移前保持一致[1]。

国外对软件移植的研究始于20世纪70年代[2],此时硬件技术开始进入飞速发展期,将应用软件转移到不同的硬件环境下运行的需求推动了这一时期软件移植技术的研究,有代表性的是1972年IBM提出的VM/370[3],它是最早的系统虚拟机。20世纪90年代初,微软公司发布Windows3.0[4],其基于窗口、按钮、图标和鼠标的图形界面(GUI)与之前的产品相比,技术上取得了巨大突破,获得了广大用户的肯定,PC 机开始正式进入了所谓的图形用户界面时代,将命令行模式下的应用程序移植到界面环境,成为众多用户和软件开发商的迫切需求。与此同时,20 世纪 60 年代末诞生的 Unix 操作系统以及随后出现的类 Unix 操作系统经过三十多年的发展和完善,逐渐登上主流操作系统的舞台,与微软 Windows 同为通用计算机上广泛使用的操作系统。这就对 Windows 上应用软件能同时支持在 Unix 操作系统以及类 Unix 操作系统上正常运行提出了需求,这一需求进一步推动了软件移植技术的研究。

国内在软件移植这一领域的探索相对比较晚,主要推动力源于对信息产业的自主、安全和可控的要求。2012 年 6 月国务院印发的 23 号文件(《关于大力推进信息化发展和切实保障信息安全的若干建议》)[5]指出,核心技术受制于人是我国信息化建设和信息安全保障中一个亟待解决的问题。实现信息产业的自主、安全、可控是信息化工作中的重中之重,是实现信息安全的基础所在。2008 年 10 月 21 日,微软公司对盗版 Windows 和 Office 用户进行“黑屏”警告性提示[6]。这一看似打击盗版的行为,实际上却说明用户已经丧失了对自己计算机的控制权。在此之前,我国在信息领域的状况是,操作系统等基础软硬件几乎完全依赖国外进口,国防、金融等关键领域也大量应用国外软件,“黑屏”事件的发生暴露了我国信息安全所存在的巨大隐患,敲响了中国信息安全的警钟,也将国家对信息安全的重视推上了一个新的高度。同时这一事件也将国产基础软硬件推到了中国信息安全“顶梁柱”的位置上。近年来,国家出台了一系列倾向性政策支持和扶持国产基础软硬件,同时也通过“核高基”等国家重大科技专项来提供强有力的技术和资金上的支持。在利好条件下,国产基础软硬件得以向着良好的态势迅速发展,其整体技术基本上可以满足国内信息化建设的需求,然而,目前应用范围相对有限,究其原因有两点,其一是因为用户多年使用主流操作系统(例如 Windows 操作系统)以及主流操作系统上所提供的软件资源(例如 Office 办公套件)而养成的操作习惯一时难以改变,这就给国产基础软件迅速建立大规模用户群带来阻碍。而国产操作系统一旦受到制约,就会极大影响到国产基础软件的生态产业链的形成,压缩中间件、数据库、办公套件等其他基础软件的发展空间。其二,由于国防、金融等关键领域的信息系统大量采用国外产品,其对运行所需的软硬件环境有一定的要求,不能很好地运行于国产基础软硬件之上。于是如何将已有应用软件向国产基础软硬件环境上移植,成为推动国产基础软硬件快速发展的一个重要课题。

目前跨平台应用软件移植可采取的技术有代码重构(Refactoring)、跨平台编译、高级语言的互译、软件虚拟机和API仿真等。其中代码重构作为一种有效的、受控的清理代码的技术[7],旨在通过对待移植应用软件进行分析和修改,使修改后的应用软件不仅能够运行于目标平台,还能使其行为与移植前无二。它能很好地解决应用软件对软硬件环境的依赖问题,是软件跨平台移植方案中较为彻底的方法,也是实际工程项目中主要采用的方法。在代码重构的方法中,常常使用的是直接在应用软件的源代码上进行修改使之适应新的平台,或是通过将一种语言实现的源码转换成另一种平台无关的语言(如Java语言、C#语言等)从而使软件具有可移植性,再者就是在目标平台上照着原有的逻辑功能重新实现应用软件。然而不论采用哪一种方法,都离不开对应用软件源代码的分析和修改。

1.2　源代码修改面临的问题

一方面,由于软硬件环境在快速更新换代的过程中不断推陈出新,使得应用软件需要具备兼容更多不同平台的能力,另一方面,由于各大应用领域的软件系统都有大型化和复杂化的发展趋势,使得对源代码修改面临一系列的问题与挑战。

(1)功能等效性。不同的平台由于立足点的不同,因此在设计思想上有着本质的区别,从而导致其在设计架构以及最终实现上呈现出差异性。这些差异性具体反映在其所规定的系统资源访问方式上。这种系统资源访问方式在代码上的具体实现又被称为系统调用/用户编程接口(API)。通过对源代码进行修改,使得依赖于一个平台的应用软件能够顺利运行于另一个异构平台,并保持功能以及外部行为上的一致性,就面临如何用目标平台所提供的系统调用/用户编程接口来等效替换应用软件运行于源平台所依赖的系统调用/用户编程接口,即异构平台系统调用/用户编程接口功能等效性问题。

(2)高效性。平台是否能够为程序员开发应用软件提供大量的灵活性和功能,成为平台是否能够成为主流平台,并被大众所认可和接受的关键所在。每一个平台都会竭尽所能为程序员开发提供大量的系统调用/用户编程接口。而这些系统调用/用户编程接口便根据应用软件具体需求在程序员的精思巧构下无规律地散落于源代码的各个角落,并与其他函数调用混合在一起。在对源代码的修改过程中,通过手工查找替换的方式,不仅需要程序员熟悉不同平台所提供的系统调用/用户编程接口,并且需要精通对它们的使用,即便如此,也易有疏漏之处;同时对于大型应用软件而言,这种方式是烦琐而低效的。因此如何通过计算机辅助的方式高效准确地检索出源代码中所出现的系统调用/用户编程接口便成为一个亟待解决的问题。

(3)语义性。应用软件可以看做是一组提供给用户使用的逻辑功能的集合。每一个逻辑功能又由一组粒度更为细小的逻辑功能组来实现。从源代码的角度来看,一个基本的功能是由一组有序的语句来共同实现的,语句与语句之间蕴含特定的语义关系,这些语句构成一个完整的语义单元。当试图对从源代码中检索出的系统调用/用户编程接口进行修改时,会发现它们并不是孤立存在于某一行语句中的,它们的存在有着极强的上下文语义关联性,通过参数传递机制相互作用。对它们的修改可谓是“牵一发而动全身”。因此,在从源代码中检索出系统调用/用户编程接口的基础上,如何准确判断其所在的语义块的范围是通过修改源代码进行软件移植的过程中不可回避的一个问题。

1.3　本章小结

为了让源代码的分析和修改过程变得更为智能和简捷,本书首先分别从静态和动态两个方面,分析了接口的属性及特征以及接口与接口之间的引发、条件限定、时序等关系,进而采用本体对接口进行形式化建模,建立基于本体的接口模型,利用本体具有很强的语义处理能力这一特性,使得能够快速对源代码中使用的接口进行定位,并通过形式化描述的接口与接口之间的关系,让与之相关联的接口的定位也变得更快速且准确,为此设计并实现了一个可以用来对源代码中使用的系统调用接口进行快速定位的编辑器来验证。

随后以 Windows 和 Linux 操作系统为例,通过分析两者之间存在的差异,建立各种 Windows API 到 Linux 系统调用的映射,并在此基础上,归纳出五类系统调用接口映射关系,建立基于本体的异构操作系统间系统调用的映射模型。通过对这个映射模型的解析,所设计实现的代码编辑器能够为程序员显式提供代码修改方案,将修改方案以函数型构序列和函数模拟实现两种方式提供给程序员,以提高代码修改的准确性和高效性。

在数据库操作方面，以 SQL Server 和 MySQL 为例，分析了两者在数据类型、函数、数据操作以及存储过程等方面的差异性，建立它们之间的映射关系，并在此基础上，建立基于本体的异构数据库间的映射模型，同时采用 5W1H 方法将 SQL 语句中的语义要素与语法分离，通过映射模型将 SQL 语句中的语法替换为移植目标数据库支持的语法，以实现对 SQL 语句的修改，并通过实验来验证方法的有效性和正确性。

第二章 相关技术基础

应用软件跨平台软件移植过程中涉及计算机软件体系结构中重要的两层:一个是应用软件层,这里指的是待移植的应用软件;一个是系统软件层,不论是移植前应用软件运行的操作系统还是移植的目标操作系统都属于系统软件层。要将应用软件从一个计算环境中移植到一个不同的计算环境中,可以通过对待移植应用软件进行二次设计,使之能够正常运行于移植的目标平台,以达到应用软件跨平台移植的目的。也可以通过对移植目标操作系统的内核进行修改,以解决应用软件跨平台移植问题。还可以通过在应用软件层和操作系统层之间增加一个间接的中间层,以实现应用软件与操作系统的独立,来解决软件移植的问题。针对不同的层次结构,对应于不同的应用软件移植技术,根据移植过程中修改的内容在计算机软件体系结构中所处的位置,可以将软件移植技术分为三大类:基于代码重构的软件移植技术、基于中间层的代码移植技术和基于内核修改的软件移植技术。

本章首先从移植技术的应用背景、特点入手,分析了常用的软件移植技术,并对所阐述的方法进行了比较。之后针对本书涉及的数据库操作移植,分析了数据持久层的常用实现技术及它们的局限性。最后本章对比了常用的接口建模语言,并对本体语言 OWL 以及本体建模方法进行了介绍。

2.1 跨平台应用软件移植技术

2.1.1 基于代码重构的软件移植技术

2.1.1.1 移植技术的应用背景及特点

代码重构(Refactoring)指的是对软件的内部结构所做的一种调整,目的是在不改变软件可观察行为(Observable behavior)的前提下提高其可理解性,降低其修改的成本。即不改变软件外部行为情况下修改源代码,它是一种有效的、受控的清理代码的技术[8]。主要用于两个或多个特定平台之间的软件移植,即围绕待移植应用软件进行二次设计,使移植后的软件符合目标平台的运行要求。代码重构能很好地解决应用软件对软硬件环境的依赖问题,是软件跨平台移植方案中较为彻底的方法,也是实际工程项目中主要采用的方法。

基于代码重构的软件移植技术最早用于将遗留系统(Legacy System)再工程到新的软硬件平台上。遗留系统是对企业或组织的业务非常重要的一类应用软件,在运行多年后,为了进一步提高性能、降低运行风险,以更好地支持企业或组织的业务发展,遗留系统通常面临移植到新的软硬件平台上的需求。然而遗留系统由于其开发时间相对较早,使用技术及所依赖的平台落后、文档缺失或陈旧,缺少了解其相关业务的软件开发人员或维护人员,因此,遗留系统的源代码或是以二进制形式存在的可执行文件[9]就成为再工程中重要的可利用资源。国内外学者就如何对其分析并进行相应的代码重构以使之适应新平台的环境这一问题进行了大量的研究。常用的方法有:①基于源码修改的方法;②基于语言转换的方法;③基于代码总体重构的方法。

2.1.1.2 常用方法

(1)基于源码修改的方法

基于源码修改的方法是在获取待移植应用软件的源代码基础上进行修改,使之适应新的平台。获取源码,可以通过使用逆向工程工具[10][11]。反编译工具作为一种逆向工程工具,执行编译的逆向过程,读取二进制形式的可执行文件,生成与源代码功能基本一致的高级语言代码。经由反编译器得到的源代码与原始代码不完全相同，这是因为在编译过程中会有一些信息丢失。程序的二进制可执行文件中保留的信息量取决于编写代码使用的高级语言，由编译器翻译成的低级语言和所使用的具体的编译器[12][13]。Spices. Net Decompiler[14]就是一个代码恢复和反编译工具，它针对虚拟机进行字节码的反编译，支持将已被编译成 MSIL（Microsoft 中间语言）的. NET 程序反编译为格式化的、最佳的源代码。

获取应用软件的源代码后，在进行代码重构之前，需要通过逆向工程（Reverse Engineering）[15][16]对源代码进行程序理解[17][18]，以提取应用软件的业务逻辑[19]。程序切片（Program Slicing）[20][21][22]就是一种程序理解技术，它分为静态和动态两种方法，其中静态程序切片可用于分析软件的逻辑结构、功能、数据流、控制流等。在完成程序信息提取后，需要根据两个或多个特定平台之间的差异分析出待移植系统源代码中与目标运行环境有差异的变量、程序结构、函数接口、数据库接口等，建立起相应的转换关系。这种转换关系除极少数以一对一的形式存在外，大部分情况下是目标平台的多个接口进行整合与封装后对应实现某一个原接口。例如，在 Windows 中，Win32 API 函数 CreateProcess（）用来创建一个新的进程和它的主线程。在 Linux 中，没有与 CreateProcess（）唯一对应的函数，但是可以采用封装 fork（）、setuid（）、exec（）来等效实现 CreateProcess（）的功能。最后，在源代码之上进行代码重构的工作。2003 年，张凯龙[121]在他的博士论文中提出通过虚拟 Win32 API 的方法解决将 Win32 应用移植到 Linux 平台。2010 年，Jianping Cai 等人[23]通过深入研究静态分析工具 OINK 源代码，分析它的实现机制，并按照其模块划分建立工程，根据各模块之间的依赖关系进行顺序移植，移植过程中手工修改不一致的相关参数，调整各种数据类型、函数的定义，修改环境变量以及其他编译选项，最终实现了将 OINK 从 Unix - like 平台移植到 Windows 平台。

（2）基于语言转换的方法

基于语言转换的方法[24]是将一种语言实现的源码转换成另一种与平台无关的语言（如 Java 语言、C#语言等），使软件具有可移植性。这种转换关键在于找到两种语言的对应关系，通过正确确立的对应关系，进行程序结构、类型、存储结构、常数等转换。转换过程中需要保证程序语义以及功能等价，即对于一个确定的输入，在经历一系列确定的动作序列后，输出相同的结果。基本思路是通过逆向工程中的词法分析方法[25]，分析、提取出源代码中的单词符号，并按照各自的类别分别存储入相应的数据结构中。根据源代码设计语言的定义，辨别出这些单词符号的性质、意义,找到目标程序设计语言中与之相匹配的单词符号。然后,对源代码的整体结构进行语法、语义分析,获取源代码的语法组织结构(语法树)和语义结构(程序执行流程),分析各个单词符号在语法结构中的语义信息,并根据语义结构判定各个单词符号间的关系并加以描述。最后,根据目标程序设计语言的语法、语义规则,翻译所提取出的单词符号并转换它们之间的语义关系,得到用目标程序设计语言描述的程序代码。1998 年 Kontogiannis K. 等人[26]提出了一种 PL/IX 语言到 C++ 语言半自动转换的方法,并将它与手工转换进行比较。2001 年,Johannes Martin 等人[27][28][29]在他们的论文中分析比较了 C 与 Java 之间的差别,以及在转换过程中存在的困难,并针对这些存在的困难给出了解决策略,最后提出了名为 Ephedra 的移植方法,并实现了一套工具用于辅助移植过程。

(3)基于代码总体重构的方法

基于代码总体重构的方法,其主要思想是通过逆向工程[30]分析、提取待移植系统的高层抽象,在目标平台上采用特定编程技术重构软件。逆向工程中的软件聚类[31][32][33]方法是提取系统架构的主要技术,它将聚类实体按照一定的尺度通过聚类算法进行归类,使得系统自动分割为关联比较松散的子系统。除此之外,模式匹配方法也是一种获取系统架构模式的技术,它通过模式匹配引擎查找用户定义的架构模式,获取系统架构的概念模型。在通过逆向工程获取系统实现框架后,对其进行抽象和精化以指导新的应用软件开发。1995 年,M. Brodie 在他们的书中第一次系统阐述通过对原应用系统进行分析,在目标平台采用新的工具重新开发后对原应用系统进行"一次性"替换,并将这种替换方法称为"大爆炸方法(Big Bang approach)"[34][68][69][70][71]。

2.1.1.3　分析比较

基于源码修改的方法和基于语言转换的方法是从比较微观的角度出发,而基于代码总体重构的方法则从较为宏观的角度出发,通过对应用软件的代码进行重构以实现跨平台移植。下面将从语言及编译环境依赖、工程配置文件、工作量、复杂度、风险及成本等几个方面对它们进行比较。详见表 1。

表 1　代码重构方法比较

方法	基于源码修改	基于语言转换	基于代码总体重构
原系统设计语言及编译环境	依赖	依赖	不依赖
Makefile	需要修改	重建	重建
系统优化	不支持	不支持	支持
工作量	很大	一般	巨大
复杂度	一般	一般	高
风险及成本	高	一般	巨大

表 1 表明：

①与其他两种代码重构的方法相比，采用代码总体重构的方法在新平台上重构应用，重构后的系统不受原系统设计语言及编译环境的限制，实现机制也不受原系统的制约。

②Makefile 是用于定义系统中各文件之间的依赖性及其编译规则的重要工程配置文件，采用语言转换以及代码总体重构的方法都将在新的集成开发环境中重新建立。

③采用代码总体重构的方法可以对原系统进行功能及性能上的优化。

④三种代码重构的方法，其工作量均取决于待移植应用软件的规模。但是相比较而言，由于语言转换可以借助工具来进行，它的工作量最小，而代码总体重构需要对系统进行重新实现，重构工作量相对最大。

⑤三种代码重构的方法复杂度都较大，尤其是代码总体重构的移植方法。复杂度从某种程度上影响着软件移植的成败，是代码重构移植过程中的一个关键因素。2005 年，Lei Wu[35] 等人提出了使用应用程序动态分析、知识恢复、分而治之等技术以减低基于代码重构移植方法中复杂度的方法。

⑥代码总体重构的方法是三种方法中风险以及成本最大的。1997 年，Jesus Bisbal 等人[36] 在文中详细分析了这种代码总体重构的移植方法，指出在实际应用中，其所面临失败的风险是非常大的，采用这种方法需要谨慎考虑。

2.1.2　基于中间层的代码移植技术

2.1.2.1　移植技术的应用背景及特点

应用软件运行于不同的操作系统之上，依据操作系统所规定的方式访问系统资源或借助操作系统完成必须由操作系统支持的操作，操作系统所规定的这种方式称为系统调用[37]。可以说系统调用是应用程序和操作系统之间进行交互的接口。应用程序的运行离不开系统调用，然而不同的操作系统有各自不同的系统调用集合，不同的操作系统所提供的系统调用接口不一样，它们的定义也不一样，这包括每个调用的含义、参数以及行为等。例如异构操作系统 Windows 和 Linux 系统之间的系统调用就基本上完全不同，虽然他们的内容很多都一样，但是定义和实现大不一样。由 Unix 发展而来的 Linux 操作系统与 Unix 之间的系统调用也都不一样。不仅如此，系统调用也并不总是操作系统与应用程序之间的最终接口，例如，在 Windows 操作系统中，系统调用接口并不对外公开，而是在系统调用接口之上再封装了一层，对外公开的是封装函数，被称之为 Windows 应用程序接口（Windows API）[38]。系统调用涵盖的功能很广，有程序运行所必需的支持，例如创建/退出进程和线程、进程内存管理；也有对系统资源的访问，例如文件、网络、进程间通信、硬件设备的访问；也有对图形界面的操作支持，例如 Windows 下的 GUI 机制。它们之间的差异性是影响应用软件在不同操作系统之间的移植的重要因素。然而这也不是唯一的影响因素，对应用软件跨平台移植造成影响的还有，诸如不同操作系统在运行期的不同处理机制、同一数据类型在不同操作系统具有不同的字节大小、内存分配机制的不一样等等。

计算机系统软件体系结构采用的是层结构，因此任何问题都可以通过增加一个间接的中间层来解决[39]。通过在操作系统与应用软件之间增加一个中间层，对上层应用软件屏蔽下层软硬件环境之间的差异性，也是实现应用软件跨平台移植的一种解决方案。主要的方法有（1）基于跨平台运行库的方法；（2）基于 API 仿真的方法；（3）基于虚拟机的方法。

2.1.2.2　常用方法

（1）基于跨平台运行库的方法

跨平台运行库（Runtime Library）的方法，是将不同操作系统的系统调用包装为统一固定的接口，使得同样的代码在不同的操作系统下都可以直接编译，并产生一致的效果。它是平台相关的，与操作系统结合紧密。其主要实现思想是对于同一功能实现函数，在调用时首先对应用软件运行的当前平台进行判断，根据不同的平台由跨平台运行库调用不同的函数实现。2009 年，俞甲子等人[39]提出将不同的操作系统与C/C ++语言的程序之间的接口抽象成相同的库函数,以实现C/C ++语言的跨平台移植。

(2)基于API仿真的方法

基于API仿真的方法可以看作是在应用程序与操作系统之间增加一个适配层,它为上层软件提供移植前运行平台所提供的调用接口,对下则将本来应该对移植前操作系统内核的系统调用翻译/转化成对目标平台操作系统内核的系统调用,以此实现应用软件的跨平台移植。1993年由Bob Amstadt及Eric Youngdale发起的WINE(Wine Is Not an Emulator,或WIN Emulator)[40][41]计划,目的是将Windows应用程序移植到Linux之上。包含一个WINE服务进程(Wineserver)和一组动态链接库(Winelib)[42]。1995年,Cygnus Solutions开发的Cygwin[43]项目,目的是将POSIX系统(例如Linux、BSD以及其他Unix系统)上的软件移植到Windows上。和WINE一样,Cygwin提供了一套在Win32系统下实现POSIX系统调用的API库。不仅如此,Cygwin主要通过对程序源码进行跨平台重新编译来实现软件移植功能。WINE中也提供了跨平台重新编译,将应用程序编译为Linux更容易理解的格式,但不是必需的。

(3)基于虚拟机的方法

虚拟机(Virtual Machine, VM)是一种特殊的软件,用于在计算机平台和终端用户之间创建一种像真实机器一样运行程序的计算机环境,终端用户在这个构造的计算环境中操作软件[44]。最早的虚拟机定义出现在波佩克与戈德堡所著"虚拟化需求"[45]一文中,文中将虚拟机定义为有效的、孤立的真实机器的副本。虚拟机的一个本质特点是运行在虚拟机上的软件被局限在虚拟机提供的资源里。用于软件移植的虚拟机,根据运行和与机器的相关性,有系统虚拟机和程序虚拟机两大类。

系统虚拟机能够虚拟包括单或多处理器、内存、外存及周边设备在内的全体硬件资源以提供一个可以运行完整操作系统的系统平台,它支持多个进程共存。系统虚拟机不与实际计算机硬件相对应,完全由软件实现功能,运行于硬件[如图1(a)]或宿主操作系统[如图1(b)]之上[46][47]。系统虚拟机的核心机制是通过软件方式(虚拟机监视器,Virtual Machine Monitor,VMM)[48][72],提供一个或多个与其下物理主机相似的虚拟机(Virtual Machine,VM)抽象,这种抽象虚拟了用于运行客户操作系统的硬件环境,用户可以在虚拟的硬件环境上引导并运行特定的客户操作系统及相关软件。系统虚拟机支持多种操作系统同时运行于一个硬件平台上,同时提供安全隔离机制,不同客户操作系统上运行的应用程序是完全隔离的,当一个客户操作系统的安全性受到威胁或遭受灾难,运行于其他客户操作系统上的应用程序不受影响。所支持的不同客户操作系统上运行的应用程序之间的切换只需要切换当前操作的客户操作系统,这就使得应用程序跨平台运行成为可能。本质上讲,这种方式通过实现操作系统的跨平台运行,进而解决了不同平台上的软件移植的问题。

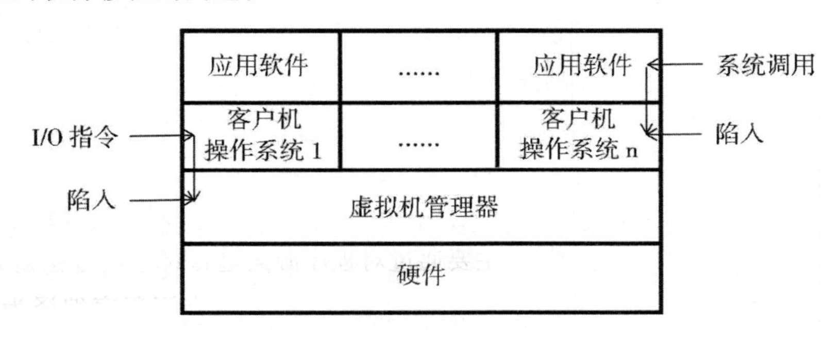

(a)运行于硬件之上

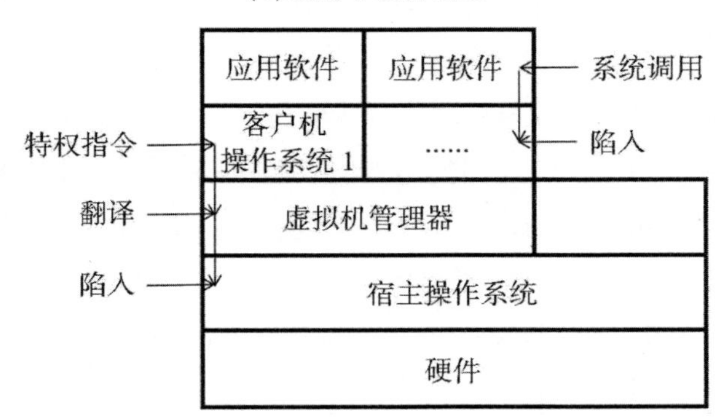

(b)运行于宿主操作系统之上

图 1　系统虚拟机实现方式

直接运行于裸机之上的系统虚拟机,虚拟机监控程序(VMM, Virtual Machine Monitor),使得不同的程序抢占资源来执行多任务,从而在一个裸机上模拟出多台虚拟机,每台虚拟机精确“复制”出裸机硬件环境,包括内核态/用户态、I/O 功能、中断及其他真实硬件所应该具有的全部内容,因此每台虚拟机上都可以运行裸机所支持的任何类型的操作系统。当客户操作系统上运行的应用程序执行系统调用时,调用会被陷入虚拟机上运行的客户操作系统上。然后客户操作系统发出普通的硬件 I/

O 指令读出虚拟磁盘或其他需要执行的调用。这些 I/O 指令由系统虚拟机陷入，然后，作为对实际硬件模拟的一部分，系统虚拟机完成指令。1972 年，为能将多道程序功能与提供扩展机器彻底隔离开，IBM 提出了 VM/370[49][50]，这是最早的系统虚拟机。VM/370 上可以运行 OS/360 或其他大型批处理或事务处理操作系统，也可以运行单用户、交互式系统，也称会话监控系统（Conversational Monitor System，CMS），供分时用户使用。2003 年，P. Barham 等人的论文中第一次论述了 Xen 虚拟机[51][52][53]，Xen 是由剑桥大学发起的一个开源虚拟机项目。直接运行在物理主机之上，客户操作系统必须显示修改后才能在 Xen 上运行，其目标是在单机上运行多达 128 个有完全功能的操作系统。

运行于宿主操作系统（Host OS）之上的系统虚拟机，支持同时创建和运行多个虚拟机实例。每个虚拟机实例可以运行客户操作系统（Guest OS）。虚拟机为客户操作系统提供完全虚拟化的仿真硬件集，为客户操作系统运行所提供的硬件支持，与宿主机上真实硬件无关。并为诸如 USB、串行和并行等设备提供传递驱动程序（Pass - through Drivers），将对虚拟设备的访问传递到真实物理设备上。当客户操作系统上运行的应用程序执行系统调用时，调用会被陷入虚拟机上运行的客户操作系统上，客户操作系统发出需要执行的调用，系统虚拟机在执行时动态地重写（翻译）客户操作系统内核的执行代码，将特权指令替换成陷入指令，这些指令被陷入宿主主机上进行操作。1998 年，VMware 公司对外公开演示，通过 VMware 工作站（VMware Workstation）[54][55]在 WindowsNT 上运行 Windows95，这是虚拟机技术首次出现在 x86 平台上，虚拟机技术从此进入个人计算机领域。2003 年，微软推出 Microsoft Visual PC[56]，用于在 Windows 操作系统上模拟 x86 硬件环境，以支持在其中同时安装运行多个操作系统。

程序虚拟机提供给用户一个虚拟的应用程序二进制接口环境，使应用程序与平台独立。程序虚拟机包含前端和代码解释器。其中，前端执行词法、语法、语义分析得到一种中间代码。它是基于栈的指令集代码，具有可移植性，可在安装了程序虚拟机的不同平台上执行。程序虚拟机的解释器通过取指令、译码、执行对应的状态转换（例如，栈操作等），将中间代码转换成平台所在主机的机器码，使得应用程序得以在平台上直接运行。这就解决了跨平台软件移植的问题。20 世纪 90 年代，Sun 公司提出的 Java 虚拟机就是一个程序虚拟机，也是目前主流的程序虚拟机，它提供一个虚拟出来的计算机环境。Java 虚拟机有完善的硬件架构，如处理器、堆栈、寄存器等,还有相应的指令系统[57][58]。并通过特定接口运行于不同的平台和操作系统之上,其对上层应用程序提供基本类库、扩展类库以及它们的 API,使得应用程序可以无须考虑底层平台而直接运行。2002 年,微软提出 . NET虚拟机通用语言运行平台(Common Language Runtime, CLR)[59],它定了一个代码运行环境,管理执行代码编译生成的中间语言,保证了应用软件与底层操作系统之间的分离。

2.1.2.3　分析比较

下面将从平台依赖、性能、局限性等几个方面对上述几种方法进行比较。详见表 2。

表 2　基于中间层的移植方法比较

方法	跨平台运行库	API 仿真	系统虚拟机	程序虚拟机
原平台	依赖	依赖	依赖	不依赖
软件性能	一般	性能有损	视情况而论	性能有损
局限性	有限的平台兼容性	平台相关, 难以 100% 仿真	依赖原运行环境	对开发语言有要求

表 2 表明:

(1)基于程序虚拟机的方法不依赖原系统,应用软件可以运行于任何安装了程序虚拟机的平台上。其余方法均受运行的原平台制约。

(2)基于 API 仿真的方法是在用户态模拟应用软件原运行环境,性能上有一定的损失。基于系统虚拟机方法,虚拟机本身运行就需要占用主机资源,在 CPU 计算能力或内存大小有限时,应用软件的性能必定会受到一定程度的影响。基于程序虚拟机的软件移植技术,由于代码执行前需要经历两次"翻译",应用软件运行性能会有所降低。

(3)基于跨平台运行库的方法具有一定的扩展性,可以兼容更多的平台。然而这种方式在软件移植过程中有一定的局限性,因为它的原理是将统一功能的实现抽象为统一的接口,因此它所实现的功能是所支持平台之间功能的交集,支持的平台越多,它实现的功能就越少。一旦应用程序需要调用运行库之外的接口,就很难保持应用程序在各平台之间的兼容性。基于 API 仿真的方法是通过操作指令的翻译/转换来弥补两个特定平台之间的差异,但是两个异构操作系统在系统调用功能实现的粒度上是不一样的，操作指令的翻译/转换很难以做到百分百一致，实现机制难以高效模仿，这使得通过这种方式移植的软件在目标平台上运行会出现与原运行效果不一致的地方。基于系统虚拟机的方法，其局限性在于应用软件在目标平台上的运行，仍需要依赖原运行环境。基于程序虚拟机的方法则对于应用软件的开发语言有一定的要求。

2.1.3 基于内核修改的软件移植技术

2.1.3.1 移植技术的应用背景及特点

通过中间层来弥补异构平台的差异，有一定的局限性。API 仿真技术，它试图通过构建一个适配层在核外对软件移植中涉及的两个特定平台之间的差异进行补偿，然而由于 API 仿真技术所构建的适配层运行于用户态，是对软件原运行环境的模拟，在软件对底层内核系统调用操作的执行过程中，至少涉及两次指令翻译，以及多次用户态和内核态之间的切换。这就带来了时间上的延迟和性能上的损失。而通过增加中间层 API 仿真技术没有兼顾运行于操作系统内核态的设备驱动程序，由于异构操作系统所提供的设备驱动框架是不同的，因此所支持的设备驱动不一样。这对于与某些特定的设备驱动模块配套运行的应用软件而言，移植后能否正常运行还取决于目标操作系统内核中是否同样提供了所需的特定设备驱动模块。基于系统虚拟机的软件移植技术，虽然实现了应用软件在目标平台上的运行，但仍需要依赖原运行环境。基于程序虚拟机的软件移植技术，由于代码执行前需要先“编译”成事先定义的“中间语言”，然后再通过“解释”来执行这个中间语言，代码运行所经历的二重“翻译”会降低程序运行性能。为克服这些局限性，提出了基于内核修改的软件移植技术。

基于内核修改的软件移植技术指的是通过对操作系统内核进行修改以提供兼容环境。目前这一技术的研究多用在开源操作系统上（例如 Linux 操作系统），通过修改操作系统内核，以弥补与其他异构平台（例如 Windows 操作系统）之间的差异性，使用户可以直接在其之上高效运行其他异构平台上的应用软件。常用的方法有（1）基于硬件虚拟化的方法；（2）基于核内差异核内补的方法。

2.1.3.2 常用方法

(1)基于硬件虚拟化的方法

基于硬件虚拟化的软件移植技术是在操作系统内核增加了一个虚拟机,虚拟机包含内核模块和处理器模块两部分。其中,内核模块用于提供核心的虚拟化支持;处理器模块提供了对处理器虚拟化技术的支持。虚拟机通过加载内核模块将操作系统内核(例如 Linux 操作系统)转换为一个虚拟机监视器;通过处理器模块使得一个未经修改的操作系统(例如 Linux、Windows 等)可以直接运行在一个用户模式的虚拟机(每个虚拟机对应一个标准的进程)上,即使客户机操作系统针对的目标平台处理器和当前宿主机的处理器不同。基于这种方式,应用软件的运行仍需要依赖原运行环境。2006 年 10 月,以色列的一个名为 Oumrant 的开源组织提出了名为 KVM(Kernel - based Virtual Machine)[60]的基于硬件虚拟化的虚拟机实现方案,2007 年 2 月发布的 Linux2.6.20 内核第一次包含了 KVM,KVM 运行于硬件和宿主操作系统之上。KVM 通过硬件虚拟化技术,实现虚拟机操作系统代码(非 I/O 代码)直接由硬件处理。而对于客户操作系统所生成的任何 I/O 请求,则会被中途截获并转发到用户空间,由 QEMU 的设备模型来模拟 I/O 操作,在需要的情况下触发真实的 I/O 操作。QEMU 是由 Fabrice Bellard 开发和维护的一种使用动态翻译技术实现的快速的指令集虚拟机[61],此处不作赘述。

(2)基于核内差异核内补的方法

基于核内差异核内补的软件移植技术指的是通过利用核内已有的资源弥补两个异构操作系统的差异。具体来说,对于两个异构操作系统内核中有对应功能实现的系统调用,通过嫁接(重定向)到相应的操作系统内核函数来实现;对于没有对应功能实现的系统调用,则使用低级的核内函数来实现。同时通过修改操作系统内核,来构建其他异构操作系统内核功能模块,包括进程管理、线程管理、对象管理、虚拟内存管理、同步、系统调用、系统注册机制和设备驱动程序框架等操作系统内核机制。进一步扩充操作内核的支持能力,使之能同时支持两个或多个操作系统的应用程序和设备驱动。2005 年,浙大网新科技有限公司提出名为 Longene(龙井)的 Linux 兼容内核项目[62][63][64],这是二进制兼容 Windows 和 Linux 应用软件和设备驱动程序的计算机操作系统内核,旨在通过 Linux 内核进行修改,利用 Linux 内核材料构建 MS Windows 内核功能模块从而扩充 Linux 内核的支持能力使之同时支持 Linux 和 Windows 的应用程序和设备驱动。通过 Linux 兼容内核项目,用户可以直接在 Linux 上高效运行 Windows 应用,而无须依赖于 Windows 操作系统[118][119]。与 WINE 相比,Linux 兼容内核项目提高了软件移植后在目标平台上运行的性能和效率,从一定程度上解决了设备驱动兼容的问题。

2.1.3.3 局限性分析

基于内核修改的软件移植技术只适用于通用开源操作系统,不适用于商业化操作系统。对于商业化非开源操作系统,例如 Windows 操作系统,其内核代码是不公开的,对其修改更是不可能实现的;对于商业化开源操作系统,由于在商业化过程中,为实现商业目的,或多或少对其中采用的 Linux 内核进行了修改。例如,Android 操作系统[65][66][67]是基于 Linux 内核的。但是谷歌(Google)Android 开发团队在开发 Android 操作系统过程中,曾将配置在 Linux 内核中的一些驱动模块转移到 Linux 内核之外,而且还重新定义、增设某些功能模块(如电源管理模块等)。若因为应用软件跨平台移植的需要,对修改后的 Linux 内核再做修改,则会影响到商业化 Linux 操作系统上其他应用软件的正常运行。

2.2 数据持久层技术

2.2.1 数据持久层技术的应用背景及特点

数据持久层[73]的出现是为了解决代码中数据持久化逻辑与应用逻辑耦合度高的问题,由于源代码级别的耦合度过高,会使得即便是微小的变化也需要大范围的代码修改,这不利于应用软件在异构数据库之间的移植。数据持久层通过在数据持久化逻辑与应用逻辑之间增加一个新的逻辑层次,来解除它们之间的紧耦合,这样不仅能有效地控制由于数据持久化逻辑的修改而导致的应用逻辑的修改,还能对应用逻辑屏蔽不同数据库之间的差异性,从而提高应用软件在代码上的可维护性以及在不同数据库之间的可移植性。

目前数据持久层实现主流解决方案主要有两大类,基于数据访问对象模式(Data Access Object,DAO)的持久层解决方案和基于数据关系映射模式(Data/Relation Mapping,ORM)的持久层解决方案。

2.2.2　常用方法

在基于数据访问对象模式(Data Access Object,DAO)[80]的持久层解决方案中,数据访问对象以应用程序编程接口的方式向上层应用提供数据库操作所需的访问机制,而将数据库操作的具体实现细节隐藏起来,当需要从一个数据库移植到另一个数据库时,接口不需要改变,改变的是被隐藏起来的具体实现细节,而由于接口没有发生改变,因此对于上层应用而言,改变的具体实现细节是被屏蔽的。DAO 正是通过这种方法将数据库访问操作代码从应用软件的业务逻辑代码中分离,以实现数据持久化逻辑与应用逻辑的分离。

可以看出,DAO 是通过隐藏数据库操作的具体实现细节来实现持久层的,虽然做到了数据持久化逻辑与应用逻辑的分离,但是却没有在数据库发生变化时减少对代码的修改量,它只是将原来在应用逻辑处的修改转移到了被隐藏起来的数据库操作的具体实现细节部分,事实证明,随着应用软件规模的增大,代码修改的工作量会呈几何增长。

针对这一局限性,出现了主动域对象模式,它在实现中封装了关系数据模型和数据访问细节。J2EE 框架中的 BMP(Bean - Managed Persistence,Bean 管理持久化)模式[78][82][83]便采用的是主动域对象模式,它由实体 EJB 本身来管理数据访问细节,由于主动域对象仍然位于业务逻辑层,因此它并没有实现真正意义上的持久化层。此处不作详细讨论。

J2EE 框架还提出了 CMP(Container - Managed Persistence,容器管理持久化)模式,由于它提供了对象—关系映射服务,因此本书将它归类于基于数据关系映射模式(Data/Relation Mapping,ORM)[84][85]的持久层解决方案。CMP 模式使用 EJB 来代替数据访问对象 DAO,定义了基于 O/R 映射的持久化 API,在被隐藏起来的数据库操作的具体实现细节部分只有数据对象,烦琐的数据库操作由底层机制来实现,这样便大大简化了具体实现细节部分的代码。

但是它同样存在局限性,首先,CMP 模式比较复杂,并且 EJB 并不适合处处使用;其次,在实际应用中发现它的数据访问效率不高,同时需要占用大量的系统资源,难以支撑对海量数据的处理;再次,由于具体的数据操作是由底层机制来完成的,开发人员无法跟踪数据操作的状态,故在出现错误时,难以迅速定位错误发生的原因。

与 CMP 模式一样,SUN 公司提出的 JDO(Java Data Objects)模式[81][86]也不是严格意义上的基于 ORM 的持久层解决方案。它提供了用于存取数据对象的标准化 API,较之 CMP,它更轻量级。并且它可以将数据对象持久化到任意一种存储系统中,这使得应用的可移植性更强,但是美中不足的是它的产品在性能优化上却较差。

至此 ORM 模式[74][77]逐渐成熟,它提供了一种概念性的、标准化的、易于理解的模型化数据的方法。它通过在业务实体对象与数据库之间建立的映射关系,避免了在操作业务对象的时候去和复杂的 SQL 语句打交道。换句话说,它以一种中间件的形式实现了业务实体对象到数据库数据的映射。

Hibernate[75][76][79]是目前应用较为广泛的基于数据关系映射模式(Data/Relation Mapping,ORM)的持久层解决方案,它通过对 JDBC 进行轻量级的对象封装,使得可以用对象编程的思维来操作数据库,它还提供了 Java 类到数据表之间的 XML 映射,以及数据的查询和恢复机制。由于 Hibernate 从本质上来说就是一种中间件,它所承担的任务是完成数据从一种形式转换成另一种形式的过程,因此这必然增加执行时的开销,这一局限性在所有基于数据关系映射模式(Data/Relation Mapping,ORM)的持久层解决方案中都是存在的。

2.2.3　局限性分析

采用持久化层的方式来提高数据库操作的移植性,是目前应用最为广泛的方式,但是这种方式必然会面临对应用软件中部分设计进行调整,这一调整就会导致对源代码的修改,修改的工作量与应用软件中涉及数据库操作的范围大小有关。然而不论采用何种模式来实现数据持久层,都不如代码中对数据库操作实现硬编码的效率高,同时还会增加对系统资源的开销。

2.3　接口建模语言

2.3.1　常用的接口建模语言分析

接口在软件中的作用举足轻重,它定义了模块与模块之间的通信协议,这样可以降低模块与模块之间的相互依赖性,即耦合度,提高模块内部的内聚性。在一个比较好的代码中,代码即是模块,而每个模块即是一个接口,软件中的接口清晰了，那么模块与模块之间的关系就清晰了，这样整个软件的结构也就明了了，因此在对软件的建模中，接口建模往往是不可或缺的一环。

对接口进行建模时，常用的建模语言有 UML 和 XML。

UML(Unified Modeling Language，统一建模语言)[87][88][89]是一种支持软件模型化的图形化语言，它能为软件开发的整个生命周期提供模型化支持，包括对接口建模的支持。UML 有很多优点，例如它采用图形化的表现形式，这大大增强了模型的可理解性；它结构清晰，让建模过程简单且易操作；等等。但是 UML 也有不足之处，特别是在对接口的建模中，接口只是一组操作，虽然能够对接口与接口之间通信的数据内容进行定义，但是却难以细致化描述数据内容的详细结构，例如参数、数据类型等。

XML(eXtensible Markup Language，可扩展的标识语言)[90][91]最初是作为一种数据交换标准出现，之后，由于它的异构性、可扩展性以及灵活性，使得它逐渐演变为一种建模方法。相较于 UML，XML 不仅可以定义数据内容，还能按需自定义不同的数据类型，并利用数据类型对数据进行准确的定义，XML 虽然具备强大的建模能力，但是它没有提供表示语义的方法。

针对这一问题，研究者提出了 RDF(Resource Description Framework，资源描述框架)[92][93]，它在 XML 的基础上增加了语义描述的能力，然而它在语义处理上做的并不完善[95]，例如，在 RDF 中，无法定义概念之间的不等价、不相交等关系；此外，由于 RDF 中允许用不同的词汇来描述同一个概念，这样就会导致诸如一词多义、同义词等的语义冲突问题。要解决这一问题，就需要有一套共同的标准的概念体系来对词汇进行规范，因此就催生了本体描述语言[94][96]。

OWL(Web Ontology Language，网络本体语言)[97][98][99]就是一种建立在 RDF 基础之上的本体语言，它不仅具有丰富的语义，还具有强大的关系逻辑描述能力，更为关键的是它还具备强大的机器解释能力。

表 3 中给出了 UML、XML、RDF 与 OWL 之间的优缺点对比。

表 3 UML、XML、RDF 与 OWL 的优缺点对比

语言	优点	缺点
UML	图形化表现形式、结构清晰	不能描述数据的属性
XML	结构化文档、可扩展、表述灵活	无语义约束

续表

语言	优点	缺点
RDF	在 XML 的基础上为模型提供简单语义	存在语义冲突
OWL	在 RDF 的基础上增加了标准词汇体系	只提供了逻辑语言的结构,缺乏使用方法

2.3.2 本体语言 OWL

本体的概念源于哲学领域,用于对客观存在的系统的解释或说明,关心的是客观现实的抽象本质。引入人工智能领域后,研究者们根据对它的认识给出了各种各样的定义。这些定义在本质上是一致的,那就是本体为领域内不同主体之间进行交流提供了一种明确定义的共识,这种共识在于对概念与概念之间的关系进行标准化统一的定义。而本体语言为这种共识提供了可被机器所理解的形式化的描述[100][101]。

在应用中,本体[103]可以表示为一个三元组 <C,R,A>,其中 C 表示的是领域内的概念集(Concepts),R 为概念与概念之间存在的关系(Relations),A 则代表的概念之间的公理化约束(Axioms),即概念与概念之间的永真断言。

OWL 是 RDF 的扩展语言演变而来,是本体语言的一种。它由一系列诸如类、属性、个体、数据类型等的基本元素组成。其中,类通过"类描述"来描述,类描述包括:类标识符、个体的穷尽枚举、属性限制、两个或多个类描述的交集或并集、类描述的补集等。属性则分为四大类:个体值属性、数据值属性、注释属性、个体属性等不相交类型。此外,本体的引入和版本信息也属于属性。个体是类的实例,由事实来定义。在数据类型上,OWL 支持 RDF 中的所有数据类型,此外它还支持枚举数据类型,并且它还支持对数据取值范围进行定义。

可以看出,OWL 在 XML 和 RDF 的基础上增加了更多的用于描述属性和类型的词汇,因此它可以很好地支持本体建模[104]。

2.3.3 基于 OWL 的本体建模

从本体的三元组表示中可以看出,概念、关系、公理都是可以用于本体建模的建模原语,另外,Perez 等研究学者还给出了两个基本建模原语,它们分别是函数(functions)与实例(Instance)。函数是一类特殊的关系,实例则代表的是元素,从语义上讲，实例就是领域内一个一个的对象[105][106]。

在实际的本体建模中，没有放之四海而皆准的方法，建模方法和本体的定义一样，研究者们都各有心得[102]。M. Uschold[107]等在构建本体模型时，将过程分为四个步骤，M. Gruninger[108][109]等则认为应先进行非形式化描述，再建立形式化逻辑模型；A. G. Ferez[110]等人提出了基于原型演化的本体建模全生命周期；Hong－Seok Na[111]等则提出先建立 UML 模型，再转换为本体模型的方法；Lee[112]等将本体建模划分成领域层、分类层、类层、实例层等四个不同的层次；而 Raufi[113]则提出了自顶向下建模的五层模型。不论何种方式，都离不开对领域内概念、概念与概念之间关系的提取，建立本体，最后再通过 OWL 语言对本体进行形式化描述。

2.4　本章小结

本章将跨平台应用软件的移植技术分为三类，分别是基于代码重构的软件移植技术、基于中间层的代码移植技术和基于内核修改的软件移植技术，分别阐述了每一类移植技术的应用背景、特点及目前的常用方法，并对所阐述的方法进行了比较分析。针对数据库操作移植，本章分析了数据持久层的常用实现技术，及它们的局限性。最后本章还对比了常用的接口建模语言，并对本体语言 OWL 以及本体建模方法进行了介绍。

第三章　基于本体的接口模型

计算机软件分为应用软件和系统软件。应用软件针对用户的具体应用需求，而系统软件则用于控制和协调计算机及外部设备，并支持应用软件开发和运行[120]。不论是应用软件还是系统软件，都是一组程序的集合，而这组程序则实现了软件应该包含的所有功能。

从模块化软件架构的角度来看，软件可以划分为相对独立完成部分功能的子系统，子系统间边界清晰，内部业务和数据具有较高的凝聚性；而子系统又可以继续分解为若干个功能模块，功能模块则是由实现原子功能的函数组成。软件分解如图 2 所示。

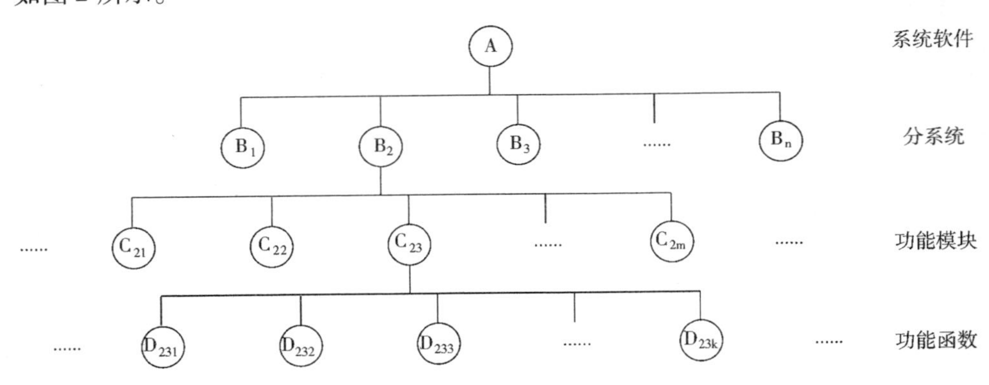

图 2　软件功能分解图

随着软件规模的不断扩大和软件复杂性提高，模块化思想应运而生，模块化指的是软件按照某种规则被分成了很多模块，模块与模块之间通过调用建立联系。每个模块都由两个部分组成：可变部分和稳定部分。为了降低耦合度，提高安全性,软件在实现时,通过将模块中可变的部分(具体实现细节)封装起来,而将稳定的部分以接口的形式暴露给其他模块,以供调用。由于模块的粒度可大可小,因此一个接口可以对应一个功能函数,如图 3(a)所示;也可以对应多个功能函数,如图 3(b)所示。

```
public interface A{
    public <ReturnValueType><MethodName 1>(para 1,..., para n);
}
```

(a)接口与功能函数 1:1 对应

```
public interface B{
    public <ReturnValueType><MethodName 1>(para 1,..., para n);
    ......
    public <ReturnValueType><MethodName n>(para 1,..., para n);
}
```

(b)接口与功能函数 1:n 对应

图 3 接口与功能函数的对应关系

从图 3 中可以看出,软件功能的一次实现,是一个功能函数的执行或若干个功能函数按一定顺序的执行,因此也可以由接口的执行序列来表示,在这个接口序列中的接口也因为共同实现的软件功能而具备了局部语义相关性。例如,若软件的某个功能是实现对文件 a 的操作,那么在这个接口序列中,出现用来打开文件的接口的概率就很大;同样对于某个函数 f_1,若它的输出是函数 f_2 的输入,或函数 f_2 用来将它的输出关闭,抑或是其他情况,即函数 f_1 与函数 f_2 必须成组出现,那么若 f_1 出现在这个接口序列中,函数 f_2 在这个接口序列中出现的概率同样很大。本章利用接口在代码中的局部语义相关性,实现对源代码中所使用的系统调用接口的快速定位。

由于系统调用是操作系统向上层应用软件提供的一组接口,从本质上说,它也是接口,具备接口的所有特性。接下来,本节将对接口进行形式化建模。

定义 1 (系统调用接口/应用程序访问接口 API)API = (api_Name, {method_Name, returnValueType, {parameters} * } $^+$)。其中:

(1)api_Name 表示接口的名称,作为每个 API 的唯一标识;

(2)method_Name 表示接口中函数的名称的集合,该集合中至少有一个元素;

(3)methodValueType 表示函数类型的集合;

(4)parameters = [paraValueType, para_Name]表示函数输入参数的集合,每个函数可以有 0 个、1 个或多个输入参数,paraValueType 表示输入参数(即形参)的类型,para_Name 表示输入参数的名称。

如前文所述,本体描述的是领域概念,以及概念与概念之间的关系,它可以由概念、关系以及公理约束组成的三元组来定义,由于操作系统中有类型之分,同一操作还有版本的区别,因此为了更好地对操作系统所提供的系统调用接口进行建模,本节在本体的基本表示上进行了扩展,如下给出接口本体的形式化定义。

定义 2 (接口本体 API_Onto)API_Onto = (onto_Info, concepts, relations, axioms),其中:

(1)onto_Info 表示的是接口本体的基本信息,包括名称、创建者、创建时间等元数据信息;

(2)concepts 表示的接口的集合;

(3)relations 表示接口本体中二元关系的集合,包括接口与接口之间的二元关系;

(4)axioms 是表示接口本体约束关系的公理集合。

3.1 基于本体的接口静态模型

3.1.1 概念 concept 与关系 relation

对于接口而言,接口、函数、值类型、函数类型、参数类型、参数等都属于概念范畴,因此,在接口的静态模型中概念又可以如下表示。

concept::= API | Method | ValueType | methodValueType | paraValueType | Parameter | ……

在定义接口本体模型中二元映射关系之前,先定义实例与概念之间的从属关系。

定义 3 若实例 a 属于某一概念 C,则称 a 为概念 C 的实例,记作 C(a)。

例如,接口 a 是 API 的一个实例,那么它就可以表示为 API(a).

在接口本体中，概念之间有两类二元关系，一种是继承关系，另一种是相交关系。接下来分别来定义这两种关系。

定义 4 存在概念 C 和概念 D，若对于概念 D 中的任意实例 x，x 都属于概念 C，则称概念 D 是概念 C 的子概念，记作 hasChild(C, D)。

例如，对于概念值类型 ValueType 而言，函数类型 methodValueType 和参数类型 paraValueType 都是它的子概念，可以分别表示为 hasChild(ValueType, methodValueType)，hasChild(ValueType, paraValueType)。

定义 5 存在概念 C 和概念 D，若对于概念 D 中的任意实例 x，x 不都属于概念 C，且对于概念 C 中的任意实例 y，y 也不都属于概念 D，则称概念 C 与概念 D 之间存在相交关系，记作 intersectWith(C, D)。

同样以概念 methodValueType 和 paraValueType 为例，在 C 和 C++ 编程语言中，规定函数的类型不能是函数类型和数组类型，而对于形参而言，是没有 void 类型的，在 VB 编程语言中，形参类型还不能是定长的字符串。由于两个概念之间存在诸如 int、float、string 等相同的实例，又存在不同的实例，因此两个概念之间是相交的关系，可以表示为 intersectWith(methodValueType, paraValueType)。

以上介绍的是概念与概念之间的两类二元关系。概念的实例与实例之间有很多关系，这里给出一个统一的抽象的定义，并通过一个示例来解释说明。

定义 6 若存在实例 x 属于概念 C_1，实例 y 属于概念 C_2，而 x 与 y 可以使二元函数 R 成立，则称 x 与 y 之间具有 R 关系，记作 R(x, y)。

以设计模式中观察者模式的主题接口为例，如图 4 所示，Subject 接口中有三个函数，函数 registerObserve 是用来注册观察者的，函数 removeObserver 是用来删除观察者的，两个函数的类型都为 void，同样都需要类型为 Observer 的输入参数 o。函数 notifyObservers 是在主题状态发生改变时，用来通知所有观察者的，它的函数类型同样为 void，但是它没有输入参数。

```
public interface Subject{
    public void registerObserver (Observer o);
    public void removeObserver (Observer o);
    public void notifyObservers ();
}
```

图 4 观察者模式的主题接口

在这个例子中，Subject 是接口这一概念的实例，函数 registerObserve、remove-

Observer 以及 notifyObservers 是函数的实例,类型 void 和 Observer 分别是函数类型和参数类型的实例,而形参 o 则是参数的实例。接下来,分析这个示例中实例与实例之间存在的关系。

(1)实例之间的从属关系 belongTo(x, y):表示实例 x 属于实例 y。

例如,函数 registerObserve 是接口 Subject 中的函数,且它只属于接口 Subject。因此由函数 registerObserve 可以确定接口 Subject,两者之间的关系就可以用 belongTo(registerObserve, Subject)来表示。

(2)实例之间的具有关系 hasType(x, y):表示实例 x 的类型为实例 y。

同样以函数 registerObserve 为例,如图 4 中所示,函数的 registerObserve 的类型为 void,void 是函数类型的实例。任何函数都只对应一种函数类型,即,由函数可以确定它的类型。因此,两者之间的关系就可以用 hasType(registerObserve, void)来表示。

在接口模型中,实例与实例之间的二元关系远不止这两种,本书将在 3.2 节中从另一个角度出发,继续讨论。

3.1.2　公理 axiom

公理是通过永真断言来表达对概念的判断,可用于在概念、实例和属性之间添加约束关系,即约束公理。约束公理包括量词约束(Quantifier Restrictions)、基数约束(Cardinality Restrictions)和值约束(hasValue Restrictions)。其中:

(1)量词约束指的是通过全称量词(∀)来约束取值为指定值域的数值,或通过存在量词(∃)来约束取值至少有一个是指定值域的数值。

(2)基数约束用 minCardinality(≥)表示取值个数的下限,用 maxCardinality(≤)表示取值个数的上限。

(3)值约束通过 hasValue 来约束取值中至少有一个是指定的值或者与指定的值在语义上相当。

例如,在接口的静态模型中有如下公理,可以表示为:

(1)每一个接口中都至少应包含一个函数。

$$\text{axiom}: \forall \text{API} \cap \geq 1 \text{ hasMethod}.$$

(2)函数的形参表中可以包含有 0 个、1 个或多个形参。

$$\text{axiom}: \forall \text{Method} \cap \geq 0 \text{ hasParameter}.$$

3.2　基于本体的接口动态模型

在上一节中讨论了接口的静态模型，本节中，将从接口与接口之间的关系出发，构建接口的动态模型。

这里将接口与接口之间的关系分成三类：引发关系、条件关系和时序关系。接下来，分别对它们进行讨论。

3.2.1　接口间的引发关系建模

接口之间的引发关系有两种，一种是业务逻辑导致的引发关系，例如，在成功调用接口 a 后，根据业务逻辑，接口 b 将会被调用，如图 5(a)所示；另一种是内部嵌套调用导致的引发关系，例如，b_1是接口 a 中所包含的函数，而函数 b_1 中又调用了接口 d，那么调用的接口 a、b_1就会导致接口 d 被调用，接口 d 多为公共函数暴露出来的接口，如图 5(b)所示。

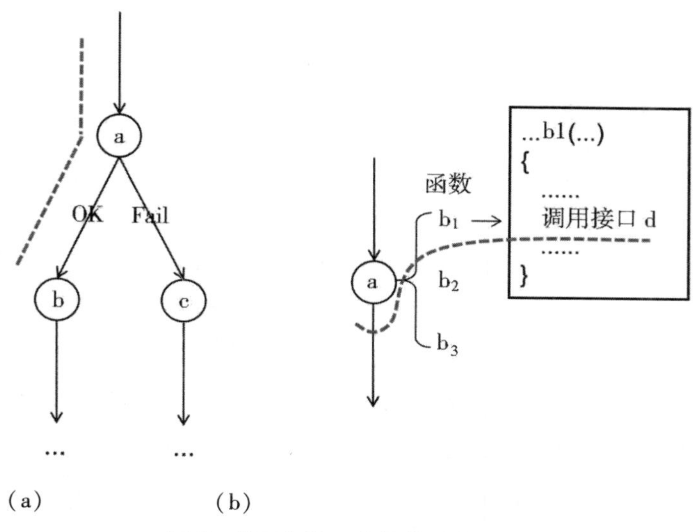

图 5　接口与接口之间的引发关系

事实上，在图 5(a)中，接口 a 的成功执行可能引发多个接口的调用，同样，在图 5(b)中，函数中调用的接口也可以为多个。因此可以用如下公式来表示图 5。

$$\left.\begin{array}{l} a\vert\xrightarrow{OK} b_1 \cup b_2 \cup \ldots \cup b_n \\ a\vert\xrightarrow{Fail} c_1 \cup c_2 \cup \ldots \cup c_n \end{array}\right] \text{------------------ (a)}$$

$$a\vert\xrightarrow{Run} d_1 \cup d_2 \cup \ldots \cup d_n \quad \text{------------------ (b)}$$

这样,可以用一个三元组来定义这两种接口与接口之间的引发关系。

定义 7　(引发关系 Cause – and – Effect,简写为 CER) CER = (api_Name, status, {apiSet})。其中,

(1) api_Name 表示接口的名称;

(2) status 表示接口当前所处的状态,接口有三种状态,分别为 OK,Fail,Run。OK 表示接口正常执行,Fail 表示接口调用出现异常,Run 表示接口正在执行中;

(3) apiSet 表示因接口调用引发的后续接口的集合。

以一个外卖下单、餐厅接单的流程为例。用户选中菜品后通多接口 PlaceOrder 成功下单后,餐厅会收到用户的下单请求,之后,餐厅通过接口 CheckMaterial 检查厨房是否还有足够的食材,如果食材足够,餐厅通过接口 ReduceInventory 来减少厨房食材的持有量,同时调用接口 PrepareOrder 来准备菜品,在接口 PrepareOrder 的实现中,会分别调用另外两个公共模块接口,一个是打印接口 PrintOrder,用来打印订单,另一个是打包接口 PackFood,用来为订单中的每个菜品打包。接口之间的引发关系如图 6 所示。

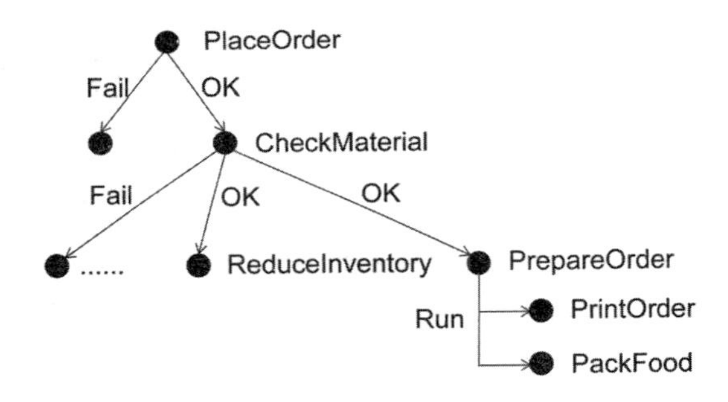

图 6　外卖下单接单接口调用示例

根据定义 7,图 6 中接口之间的引发关系可以描述为:

(PlaceOrder, OK, CheckMaterial);

(CheckMaterial, OK, {ReduceInventory, PrepareOrder});

(PrepareOrder, Run, {PrintOrder, PackFood});

我们知道,本体的逻辑基础是描述逻辑,描述逻辑就是一种建立在一阶谓词逻辑之上的用于描述概念数学性质的形式化工具,但是它的表达能力有局限性,只能表示一元关系和二元关系。然而本节中定义的引发关系是个多元关系,要想用本体来表示,就需要用多个二元关系来替换,替换的同时还要保证替换前后语

义的一致性。

二元关系替换三元关系有三种方式：横向转换，如图 7(a)所示；纵向转换，如图 7(b)所示；和混合转换方式，如图 7(c)所示。

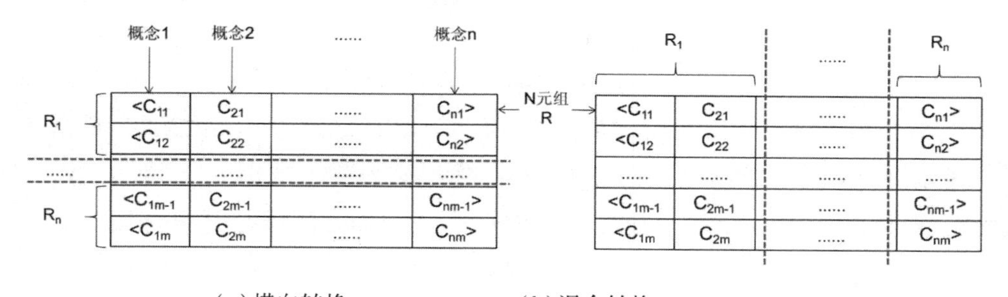

(a)横向转换　　　　(b)混合转换

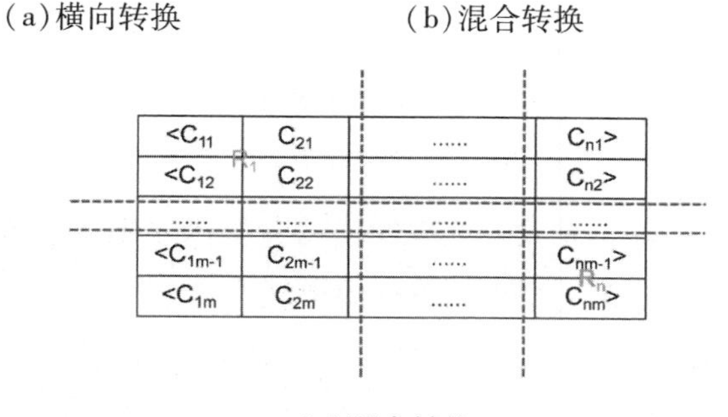

(c)混合转换

图 7　三种关系替换方式

横向转换的情况较少，适用于将三元关系转换为二元关系。例如本节中阐述的引发关系，因为其中 status 元组仅有三个值，因此可以考虑根据 status 的值将关系分为三类，结合 api_Name 元组与{apiSet}元组之间的关系，重新构成三种新的关系。接下来，将详细阐述引发关系的转换过程。

步骤 1：分解第三个元组

$$a \mid \xrightarrow{status} b_1 \cup b_2 \cup ... \cup b_n$$

$$\Rightarrow$$

$$(a \mid \xrightarrow{status} b_1) \cup (a \mid \xrightarrow{status} b_2) \cup ... \cup (a \mid \xrightarrow{status} b_n)$$

步骤 2：对于 $a \mid \xrightarrow{status} b_n$ ，status ＝ {OK，Fail，Run}，即，在 status 下，接口 a 的调用会引发接口 b_n 的调用，这种引发关系如果用 Cause 来表示。则可以将三元的引发关系拆分为三个二元关系，分别是：OK_Cause；Fail_Cause；Run_Cause。这样

引发关系就可以用如下方式来替换。

$a|\xrightarrow{OK}b_n$ ➡ OK_Cause(a, bn)

$a|\xrightarrow{Fail}b_n$ ➡ Fail_Cause(a, bn)

$a|\xrightarrow{Run}b_n$ ➡ Run_Cause(a, bn)

纵向转换和混合转换较为常见,实质上是分别建立两个元组之间的映射关系。因为不是本书的重点,限于篇幅,此处便不再赘述。

定义 8　(语义一致性)设本体的解释域为$\triangle$,n 元组中概念的解释域$\triangle_1$,$\triangle_2$ $\cdots\triangle_n\subseteq\triangle$,n 元关系 $R\subseteq\triangle_1\times\triangle_2\times\cdots\times\triangle_n$,转换后的二元关系集为$\{R_1,\cdots,R_n\}$,若它们满足

(1)语义无冗余。对于二元关系中的任意两个关系 R_i 和 R_j,它们的交集为空,即 $R_i\cap R_j=\emptyset$;

(2)语义全覆盖。对于 n 元关系中的任何一个满足 R 关系的元组 $<C_1, C_2, \cdots, C_n>$,其中任意两个元组之间的关系都能在二元关系集中找到;

则称转换前的多元关系 R 与转换后的二元关系集$\{R_1,\cdots,R_n\}$之间无语义损失,即转换仍保持语义的一致性。

接下来,根据定义 8 来证明引发关系在用二元关系替换中是否保持语义的一致性。

证明:

(1)无冗余证明:

$\because$ 对于转换后的三个二元关系,其中任意两个二元关系之间的交集为空,

OK_Cause(a, b_n) $\cap$ Fail_Cause(a, b_n) $=\emptyset$;

OK_Cause(a, b_n) $\cap$ Run_Cause(a, b_n) $=\emptyset$;

Fail_Cause(a, b_n) $\cap$ Run_Cause(a, b_n) $=\emptyset$;

$\therefore$ 转换后的二元关系语义上无冗余。

(2)全覆盖证明:

$\because$ 对于任意满足引发关系的三元组 $<C_1, C_2, C_3>$ 而言,其中 $C_2\in\{$OK, Fail, Run$\}$,如果 C_2 = = " OK ",则该三元组用二元关系 OK_Cause(C_1, C_3)来表示;如果 C_2 = = " Fail ",则该三元组用二元关系 Fail_Cause(C_1, C_3)来表示;同

样,如果 $C_2 == $ " Run ",则该三元组用二元关系 Run_Cause(C_1 , C_3)来表示。由此可知,对于任意的三元组 $< C_1, C_2, C_3 >$,其中 C_1 与 C_3 之间的关系都可以在二元关系集{OK_Cause,Fail_Cause,Run_Cause}中找到。

∴ 可以说二元关系集对于三元引发关系而言在语义上是全覆盖的。

证毕。

举例说明接口之间引发关系在接口定位中的应用,如在 Windows API 中,函数 FindFirstVolume 在成功获取(OK_Cause)第一个驱动器的 GUID 后,会将返回的句柄传给函数 FindNextVolume,以继续查找下一个驱动器。因此它们之间存在 OK_Cause 的引发关系,可以表示为:

OK_Cause (FindFirstVolume, FindNextVolume)

当在一段代码中定位到函数 FindFirstVolume,那么在距离该函数不远处定位到函数 FindNextVolume 的概率就比较大。

3.2.2　接口间的条件限定关系建模

上一节中介绍了接口与接口的引发关系,但是事实上还存在以下三种情况:

(1)接口因为不同的输入参数,会有不同的输出结果,即使接口正常运行,也可能因为运行结果的不同而引发不同的接口。例如,在图 6 的示例中,接口 CheckMaterial 用来检查厨房是否还有足够的食材,当其结果为 true 时,它引发的下一个接口才是接口 PrepareOrder;当其结果为 false 时,它引发的接口将是用于取消订单,如图 8(a)所示。

(2)多个接口的运行结果都满足条件才能引发下一组接口。同样以外卖订餐系统为例,在调用接口 PrepareOrder 准备菜品之前,不仅仅需要接口 CheckMaterial 的正常运行,还需要用户在确认订单后调用接口 PayOrder 完成订单支付,如图 8(b)所示。

(3)多个接口中只要有一个接口运行结果满足条件就能引发下一组接口。例如,在接口 CheckMaterial 返回结果为 false 时,会引发用于取消订单的接口;但是当用于订单支付的接口 PayOrder 返回结果为 false 或者接口运行失败时,也会引发用于取消订单的接口;这两种情况只要有一种情况成立,就会引发同一个接口,如图 8(c)所示。

这三种情况在接口引发关系上加上了条件限定,用上一节的引发关系不能完整描述。因此,本节将重点讨论对接口间存在的条件限定关系的形式化建模。

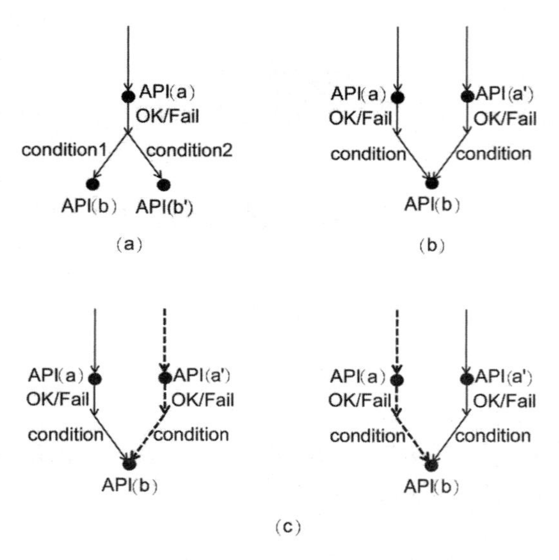

图 8　接口与接口之间的条件限定关系

由图 8 可以看出,条件限定关系是在引发关系的基础上,对接口与接口之间的关系作进一步约束,在上一节中用三元组来描述接口 api_Name 处于某种状态 status 时可能引发的下一组接口{apiSet},加上条件限定关系后,就可以描述接口 api_Name 处于某种状态 status 并满足一定条件 condition 时可能引发的下一组接口{apiSet}。

定义 9　(条件限定关系 Condition) Condition = (api_Name, satCon),其中:

(1) api_Name 表示接口的名称,同时也是条件限定关系与因果关系建立起联系的键;

(2) satCon 为接口需要满足的限定条件,是由 1 个或多个构造子组合而成,接下来将详细对其进行定义。

定义 10　(限定条件 satCon)

$satCon ::= \tau$

$::= \omega$

$::= \oplus(\cap\{\tau_i\})$　　其中 $1 \le i \le n$

$::= \oplus(\{\tau_i \cap \{\omega_j\}\})$　　其中 $1 \le i \le n_1; 1 \le j \le n_2; n_1 + n_2 \le n$

$::= \oplus(\cap\{\omega_j\})$　　其中 $1 \le j \le n$

(1)若一个接口运行完成后,无条件引发下一组接口的调用。记 $satCon::=\tau$,则有 $a \mid \xrightarrow[satCon=\tau]{OK/Fail} \{b\}$;

(2)若一个接口运行完成后,需要满足一定条件才能引发下一组接口的调用。设 ω 为条件表达式,并记 $satCon::=\omega$,则有 $a \mid \xrightarrow[satCon=\omega]{OK/Fail} \{b\}$;

(3)若在 n 个接口中,其中 i 个接口都运行完成后($1 \le i \le n$),无须满足条件便可引发下一组接口的调用。用符号 $\oplus$ 表示 i 个接口需都运行完成,并记 $satCon::=\oplus(\cap\{\tau_i\})$,其中 $1 \le i \le n$,则有 $\{a_1,a_2,...,a_n\} \mid \xrightarrow[satCon=\oplus(\cap\{\tau_i\})]{OK/Fail} \{b\}$;

(4)若在 n 个接口中,其中 k 个接口都运行完成后($1 \le k \le n$),其中 i 个接口无需满足条件,而另外的 j 个接口则需要满足一定条件才能引发下一组接口的调用,有 $i+j=k$ 。用符号 $\oplus$ 表示 k 个接口需都运行完成,并记 $satCon::=\oplus(\{\tau_i\}\cap\{\omega_j\})$,其中 $1 \le i \le k;1 \le j \le k;i+j=k;1 \le k \le n$,则有 $\{a_1,a_2,...,a_n\} \mid \xrightarrow[satCon=\oplus(\{\tau_i\}\cap\{\omega_j\})]{OK/Fail} \{b\}$;

(5)若在 n 个接口中,其中 j 个接口都运行完成后($1 \le j \le n$),这 j 个接口都需要满足一定条件才能引发下一组接口的调用。用符号 $\oplus$ 表示 j 个接口需都运行完成,并记 $satCon::=\oplus(\cap\{\omega_j\})$,其中 $1 \le j \le n$,则有 $\{a_1,a_2,...,a_n\} \mid \xrightarrow[satCon=\oplus(\cap\{\omega_j\})]{OK/Fail} \{b\}$ 。

如前文所述,本体描述的是特定领域中的概念及其属性和相互关系,因此定义 10 中的限定关系的表达式是无法用本体来直接描述的。接下来将定义 9 与定义 10 中的符号转换为本体中的元素。

对于概念 concept,API、Condition…都是概念的例子。

对于实例 instance, $\{a_1,a_2,...,a_n\}$ 、$\{b\}$ 是接口 API 的实例; satCon 为条件 Conditon 的实例。

对于关系 relation 有 :

(1) attribute – of 关系

概念接口 API 与条件 Condition 有属性关系,即条件 Condition 是接口 API 的属性;条件 Condition 的实例 satCon 是接口 API 实例 $a_1, a_2, ..., a_n$ 和 b 等的属性;τ 和 ω 为属性值。

(2)and_Causedby( )关系

定义 10 中,用符号 $\oplus$ 来表示 n 个接口需都运行完成才能引发下一组接口,这 n 个接口之间是 AND 关系。在图 9(a)中,and_Causedby(b,a)表示接口 a 由接口 b 引发,但并不是由接口 b 独立引发的,接口 b 需要与其他接口一起引发接口 a 的运行。

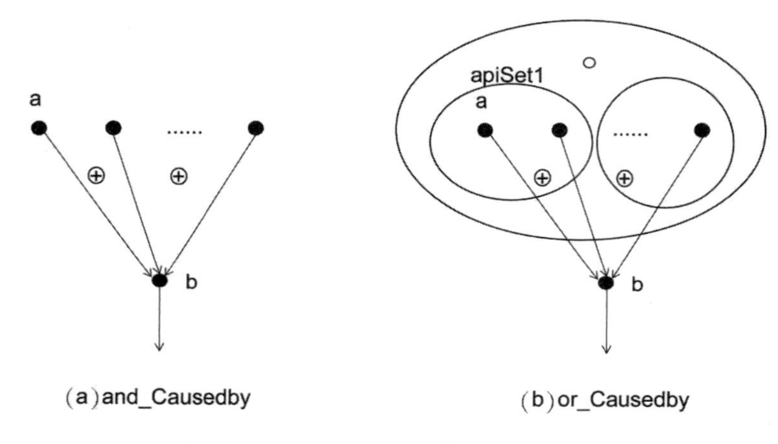

图 9　二元关系 and_Causedby( )与 or_Causedby( )

(3)or_Causedby( )关系

若 n 个接口不需要都运行完成就能引发下一组接口,只需要其中 $i(1 \leqslant i < n)$ 个接口运行完便能引发下一个接口,那么这 i 个接口之间是 AND 关系,它们共同构成一个接口集合,接口集合与接口集合之间是 OR 的关系。在图 9(b)中,接口 a 与接口 b 的关系仍然用 and_Causedby(b,a)来表示,这里用 includedIn(a,apiSet$_1$)来表示接口 a 包含于接口集合 apiSet$_1$ 中,用 or_Causedby(b,apiSet$_1$)来表示接口 b 可以由接口集合 apiSet$_1$引发,这种引发关系是可能而不是必需的。由此可见,or_Causedby( )关系通常要与关系 includedIn( ),and_Causedby( )一起使用。

举例说明接口之间条件限定关系在接口定位中的应用,如在 Windows API 中,要调用函数 VirtualUnlock 为从 lpAddress 起的 dwSize 字节大小的页面解除锁定(页对齐),需要满足两个条件,首先,需要解除锁定的页面必须是已经被锁定的;其次,由于只有提交的页面才能被锁定,因此要求这段页面处于提交状态。因此在调用函数 VirtualUnlock 之前,需要调用完成函数 VirtualAlloc 和函数 VirtualLock,其中函数 VirtualAlloc 用于在虚存中分配从 lpAddress 起的 dwSize 字节大小的页面(页对齐),并通过指定参数 fAllocationType 将页面的状态设置为提交状态;函数 VirtualLock 用于将这段提交的页面锁定。因此它们之间存在条件限定关系,可以表示为:

includedIn (VirtualAlloc,apiSet)

includedIn (VirtualLock,apiSet)

and_Causedby (VirtualUnlock,apiSet)

当在一段代码中定位到函数 VirtualAlloc 和函数 VirtualLock,那么在距离这两个函数不远处定位到函数 VirtualUnlock 的概率就比较大。

3.2.3　接口间的时序关系建模

前两节中介绍的引发关系和条件限定关系,只描述了接口之间的调用关系,没有刻画接口与接口之间调用的时序关系,而在软件系统中接口有多种调用方式,包括顺序调用、并行调用等。在本节中,将详细分析接口间的时序关系,并对它们进行形式化建模。

假设接口 $a_i(i = 1, 2, \cdots, n)$是概念接口 API 的实例。

(1)顺序调用(Sequence)

若接口 $a_1, a_2, \cdots, a_n$是顺序调用的接口序列,则在调用 a_1后,会依次顺序调用后续的各个接口,如图 10(a)所示。接口 a_{i+1}的调用一定是在接口 a_i的调用之后。例如,在图 6 的示例中,接口 CheckMaterial(用来查看厨房是否还有足够的食材)一定是在接口 ReduceInventory(用来减少厨房食材的持有量)之前被调用,它们之间有明确的先后顺序。

同样是在图 6 的示例中,在通过接口 CheckMaterial 确认厨房还有足够的食材后,会引发的两个接口:接口 ReduceInventory(用来减少厨房食材的持有量)和接口 PrepareOrder(用来照订单准备所需菜品),它们之间没有依赖关系,并且在实现功能上没有交集,互不影响,因此它们可以是同时并行调用,也可以是一前一后调用,并且谁先谁后并不是强制的。因此就有了下面两种调用关系:

(2)不确定调用(Uncertain)

接口 b 的调用引发了接口集合$\{a_1, a_2, \cdots, a_n\}$被调用,但是接口集合中每个接口被调用的先后顺序是不确定的,如图 10(b)所示。并且这种不确定的先后顺序并不会影响到系统的运行。通常这种不确定的调用发生在没有依赖关系且功能没有交集的接口之间。

(3)并行调用(Parallel)

若接口 $a_1,a_2,\cdots,a_n$ 是并行调用的接口序列,则在调用 a_1 的同时,也会调用序列中的其他各个接口,如图 10(c)所示。

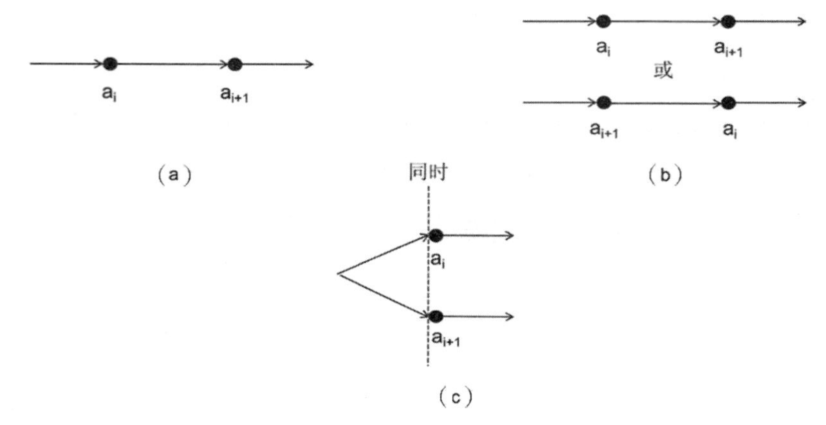

图 10　接口间的三种基本时序关系

这三种接口间的时序关系是接口间最基本的时序关系,一个软件系统中接口调用的时序关系都可以用这三种关系组合而成。

如前文所述,本体的逻辑基础是描述逻辑,而描述逻辑可以有效地描述静态知识,但是却难以处理具有时态关系的动态知识。为了更好地描述接口与接口之间的时序关系,本节对描述逻辑在时态领域进行了扩展。

描述逻辑的基本知识在文献[114]中有详细的介绍,在此就不再赘述了。本节根据应用需要,主要是在传统的描述逻辑上扩展 4 个时序逻辑构造子:○(下一个时刻)、□(将来总是)、◇(将来的某一时刻)和∪(直到)。这 4 个操作符在时序逻辑中都有定义,其中,○、□和◇是一目算子,∪是二目算子。在时序逻辑中,○称为 next 算子,○p 意味着,p 将在下一个时刻为真;□称为 always 算子,□p 意味着,p 将在所有的将来时刻(包括现在)为真;◇称为 eventually 算子,◇p 意味着,p 将在某个将来时刻(可能现在)为真;∪称为 until 算子,p∪q 意味着,存在一个将来时刻,q 将在该时刻为真,并且使得直到那个时刻之前 p 都一直为真。

扩展后的描述逻辑有了可以描述时间的构造子,接下来就可以定义接口与接口之间的三种基本时序关系。

(1)顺序调用

接口 $a_1,a_2,\cdots,a_n$是顺序调用的接口序列,首先调用接口 a_1,然后依次调用序列中其他的接口。

$$Sequence(a_1,a_2,...,a_n) \xrightarrow{def} a_1 \rightarrow \bigcirc\Diamond a_2 \rightarrow ... \rightarrow \bigcirc\Diamond a_n$$

(2)不确定调用

接口 b 的调用引发了接口集合$\{a_1,a_2,\cdots,a_n\}$被调用,接口集合中每个接口被调用的先后顺序是不确定的,但是执行过程中若选择了某一调用顺序后,接口的调用顺序就不能再改变了。

$$Uncertain(b,\{a_1,a_2,...,a_n\}) \xrightarrow{def} b \rightarrow \bigcirc\Box(\bigcirc\Diamond a_i \rightarrow \bigcirc\Diamond(a_1 \vee a_2 \vee ... \vee a_{i-1} \vee a_{i+1} \vee ... \vee a_n) \rightarrow ...)$$

其中($1 \le i \le n$)

接口 a_i是接口集合$\{a_1,a_2,\cdots,a_n\}$中的某一个接口,接口 a_i被调用后,再调用的接口便是从接口集合$\{a_1,a_2,\cdots,a_{i-1},a_{i+1},\cdots,a_n\}$中选择,这个集合不再包含接口 a_i。

(3)并行调用

接口集合$\{a_1,a_2,\cdots,a_n\}$中的每一个接口都同时被调用。

$$Parallel(b,\{a_1,a_2,...,a_n\}) \xrightarrow{def} (b \rightarrow \bigcirc\Diamond a_1) \wedge (b \rightarrow \bigcirc\Diamond a_2) \wedge ... \wedge (b \rightarrow \bigcirc\Diamond a_n)$$

这样,在前一小节中介绍的,当所有 api 都运行结束后才能调用下一组接口,也能形式化表示出来。

例如:只有当接口集合$\{a_1,a_2,\cdots,a_n\}$中所有的接口都执行结束后才能继续调用下一个接口 b,这一过程便可以形式化表示为: $a_1 \wedge a_2 \wedge ... \wedge a_n \rightarrow \bigcirc\Diamond b$

在描述逻辑中,是通过构造子来构造出复杂的概念和关系,而在本体中,不能直接使用描述逻辑中的构造子,但是描述逻辑中通过构造子构造出复杂的概念和关系可以在本体中都有相应的表示。接下来就要定义本体中用来表示时间的谓词。

我们知道,一个接口的执行是一个时间段 T,有开始时间(startTime),也有结束时间(endTime),如图 11 所示。

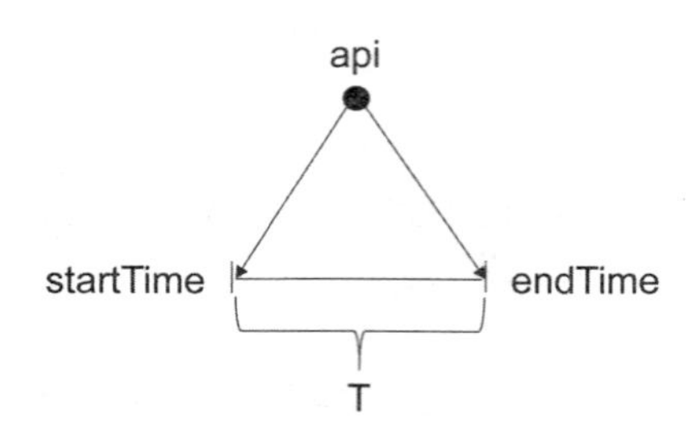

图 11　接口的执行时间段

定义 11　(开始时间 startTime)若接口 a 在时间 t 被调用,并开始执行,则记作 startTime(a, t)。

同样,可以定义接口的结束时间 endTime( )。

定义 12　(开始时间 endTime)若接口 a 在时间 t 执行结束,则记作 endTime(a,t)。

在时间轴上,两个时间点的关系只有两种,相遇[如图 12(a)所示]和不相遇[如图 12(b)所示]。

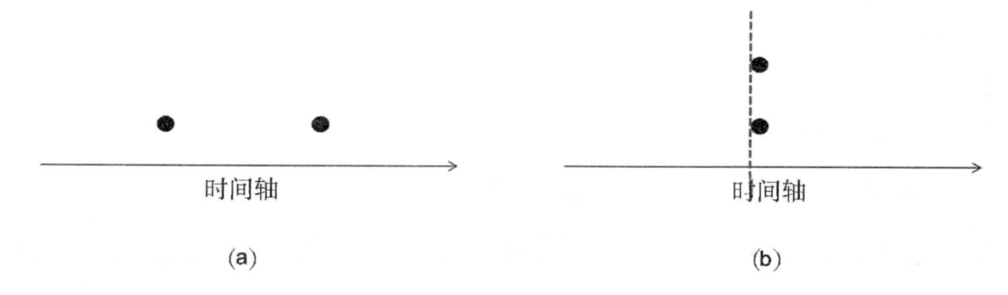

图 12　时间点的两种关系

从图 12 中可以看出,时间点在时间轴上相遇,意味着两个时间点相等;时间点在时间轴上不相遇,则两个时间点中必有一个在前,一个在后。

定义 13　(前后关系 before/after)接口 a_1在 t_1时刻被调用,接口 a_2在 t_2时刻被调用,若时间点 t_1先于时间点 t_2,则记作 before(a_1, a_2),也可记作 after(a_2, a_1),表示接口 a_2的调用晚于接口 a_1。

定义 14　(相遇关系 meet)接口 a_1在 t_1时刻被调用,接口 a_2在 t_2时刻被调用,若时间点 t_1与时间点 t_2在时间轴上相遇,即处于同一时间点,则记作 meet(a_1, a_2)。

仅仅定义前后关系(before/after)是不够的,因为它无法准确表示出下一时刻

(Next)的含义。例如,在顺序调用序列$\{a_1,a_2,\cdots,a_n\}$中,若接口a_1先于接口a_2被调用,则存在关系before(a_1, a_2);若接口a_2要先于接口a_3被调用,则存在关系before(a_2, a_3),显然关系before(a_1, a_3)也是成立的,即接口a_1先于接口a_3被调用,然而只有接口a_2是在接口a_1的下一时刻被调用的。因此要区分这之间的差别,还需要定义具有下一时刻(Next)含义的紧跟关系(dirBefore/dirAfter)。

定义15 (紧跟关系dirBefore/dirAfter)接口a_1在t_1时刻被调用,接口a_2在t_2时刻被调用,若时间点t_1先于时间点t_2,且在时间点t_1与时间点t_2之间的时间区间内,没有接口被调用。则称接口a_2在调用时间轴上紧跟接口a_1的调用。记为dirBefore(a_1, a_2),或dirAfter(a_2, a_1)。

显然,定义13中的前后关系(before/after)与定义14中的相遇关系(meet)都是具有传递性质的,而定义15中的紧跟关系(dirBefore/dirAfter)则没有。因为若接口a_2在调用时间轴上紧跟接口a_1的调用,存在关系dirBefore(a_1, a_2),假设接口a_3在调用时间轴上紧跟接口a_2的调用,则存在关系dirBefore(a_2, a_3),显然接口a_3在调用时间轴上不是接口a_1的下一个紧跟调用,因此不存在关系dirBefore(a_1, a_3),传递性质在紧跟关系(dirBefore/dirAfter)上是不成立的。

(1)顺序调用

若接口序列$\{a_1,a_2,a_3\}$顺序调用,则接口a_1执行完后才会调用接口a_2,而接口a_3的调用在接口a_2之后。

完成时间t_1'的下一个时刻便是接口a_2调用开始的时间t_2,同样,接口a_2执行完成时间t_2'的下一个时刻便是接口a_3调用开始的时间t_3。即:

$$\text{Sequence}(a_1, a_2, a_3) \rightarrow \text{before}(a_1, a_2)) \wedge \text{before}(a_2, a_3)$$

(2)不确定调用

若接口序列$\{a_1,a_2,a_3\}$调用顺序不确定,则有6种调用顺序,但程序运行时只能选择其中之一,不论哪种调用顺序,接口的执行时间区间都是不相交的,因此接口a_1的调用开始时间t_1的下一时刻是接口a_1的执行完成时间t_1',对于接口a_2、a_3也是同样的。即:

$$\text{Uncertain}(b, \{a_1, a_2, a_3\}) \rightarrow \text{before}(b, a_1) \wedge \text{before}(b, a_2) \wedge \text{before}(b, a_3) \wedge ((\text{before}(a_1, a_2) \wedge (\text{before}(a_2, a_3)) \vee (\text{before}(a_1, a_3) \wedge (\text{before}(a_3, a_2)) \vee (\text{before}(a_2, a_1) \wedge (\text{before}(a_1, a_3)) \vee (\text{before}(a_2, a_3) \wedge (\text{before}(a_3, a_1)) \vee (\text{before}(a_3, a_1) \wedge (\text{before}(a_1, a_2)) \vee (\text{before}(a_3, a_2) \wedge (\text{before}(a_2, a_1)))$$

(3)并行调用

若接口序列{a_1,a_2,a_3}并行调用,则有接口 a_1 调用开始的时间 t_1 与接口 a_2 的调用开始时间 t_2,以及接口 a_3 的调用开始时间 t_3,在时间轴上位于同一时刻。即:

$$Parallel\ (b,\ \{a_1,\ a_2,\ a_3\})\ \rightarrow before(b,\ a_1)\wedge before(b,\ a_2)\wedge before(b,\ a_3)\wedge meet(a_1,\ a_2)\wedge\ meet(a_2,\ a_3)$$

举例说明接口之间时序关系在接口定位中的应用,如在 Windows API 中,调用了函数 FindFirstVolume 来获取第一个驱动器的 GUID,在这之后的某一个时间点必然需要调用函数 FindVolumeClose 来关闭函数 FindFirstVolume 返回的句柄,这两个函数之间存在明显的时序关系。因此它们之间的关系可以表示为:

before (FindFirstVolume, FindVolumeClose)

当在一段代码中定位到函数 FindFirstVolume,那么在距离该函数不远处必然应该能定位到函数 FindVolumeClose。

3.3 基于本体的接口模型应用实例

要将应用软件从一个平台移植到另一个异构平台,第一步是要找出代码中依赖平台提供支撑的部分,而平台中最贴近应用软件的是操作系统,操作系统与应用软件之间的交互通过系统调用来完成。因此,移植工作的第一步是找出代码中所使用的系统调用。

一个应用软件的代码,少则数百行,多则千万行不止,若要人工逐行寻找其中使用的系统调用,一是会耗费大量的人力资源,二是难免会有疏漏之处。基于本体的接口模型中不仅包含语义化的系统调用库(静态建模),而且其中系统调用之间的关系也被清晰地形式化表示,具备可机器处理的语义。因此,基于本体的接口模型可以用来准确地定位代码中的系统调用,同时利用系统调用之间的语义联系,在定位系统调用时,可以有效缩短匹配的范围,实现快速定位。这里构建的基于本体接口模型的系统调用自动标注系统(简称为 OntoAPIPos)的基本框架如图 13 所示。

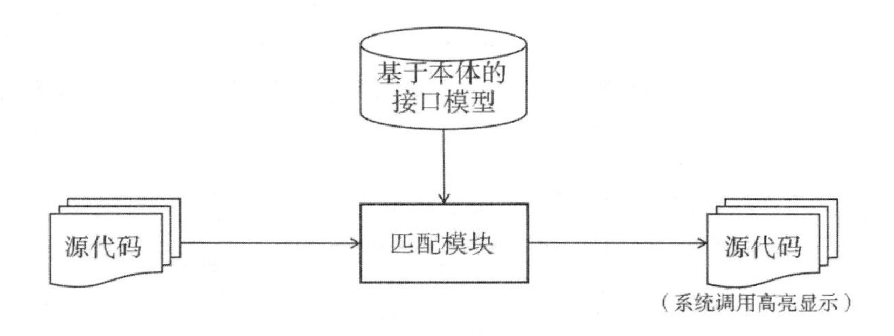

图 13　基于本体接口模型的系统调用标注系统框架

3.3.1　基于本体的接口模型示例

以 Windows 中文件系统的系统操作 API 为例，其中函数 FindFirstVolume 用来获取第一个驱动器的 GUID，返回的句柄是函数 FindNextVolume 以及函数 FindVolumeClose 的输入，因此在一段代码中，函数 FindFirstVolume 的调用必然在函数 FindNextVolume 和函数 FindVolumeClose 的调用之前。类似的，还有根据驱动器的 GUID 给出它的挂载点的函数 FindFirstVolumeMountPoint、函数 FindNextVolumeMountPoint 以及函数 FindVolumeMountPointClose，它们之间也存在调用先后的关系。函数 SetVolumnMountPoint 用来将给定 GUID 对应的驱动器挂载到给定路径上。根据前文的定义，对这几个函数进行静态和动态建模，然后用本体语言来描述模型。

函数 FindNextVolume 的函数型构：

```
HANDLE WINAPI FindFirstVolume(LPTSTR lpszVolumeName, DWORD cchBufferLength);
```

从函数型构可以看出 FindFirstVolume 具有两个输入参数，分别是类型为 LPTSTR 的 lpszVolumeName，以及类型为 DWORD 的 cchBufferLength，函数的返回值为 HANDLE 类型，根据定义 6，可以得到如下描述：

```
hasParameter(FindFirstVolume, lpszVolumeName);
hasParameter(FindFirstVolume, cchBufferLength);
hasType(FindFirstVolume, HANDLE);
hasType(lpszVolumeName, LPTSTR);
hasType(cchBufferLength, DWORD);
```

类似其他函数也可以如此形式化表示，限于篇幅，此处就不逐一列出。

如前文所述，其中函数 FindFirstVolume 执行后返回的句柄是函数 FindNextVolume 以及函数 FindVolumeClose 的输入,因此函数 FindFirstVolume 的调用与函数 FindNextVolume 以及函数 FindVolumeClose 有明显的时序关系。根据定义 13,它们之间的时序关系可以表示为:

```
before(FindFirstVolume, FindNextVolume);
before(FindFirstVolume, FindVolumeClose);
```

这些函数与函数之间的关系可以用本体语言 OWL 来描述,以下是生成的 OWL 文件片段。

```
......
<WINAPI rdf: ID = “FindFirstVolume”>
   <hasParameter>
      <Parameter rdf:resource = “lpszVolumeName”>
         <hasType>
            <Type rdf:ID=“LPTSTR”/>
         </hasType>
      </Parameter>
   </hasParameter>
   <hasParameter>
      <Parameter rdf:resource = “cchBufferLength”/>
      <hasType>
            <Type rdf:ID=“DWORD”/>
         </hasType>
      </Parameter>
   </hasParameter>
   <hasType>
      <Type rdf:ID = “HANDLE”/>
   </hasType>
   <before rdf:ID=“FindNextVolume”>
   <before rdf:ID=“FindVolumeClose”>
......
```

3.3.2　接口匹配算法

匹配模块读入构建好的接口模型本体文件,生成本体图状模型 OntModel(第 3 行),并对其中每一个元素进行解析(第 4、5、6 行),然后再逐行读入待匹配的源代码(第 7 行),若读入的行字符串中有字符“(”,则调用函数 getFuntionName,判断其前一个单词是否是函数名,若是,则赋值给 word 变量(第 9 行)。接下来用 word 与本体图状模型中的每个节点进行匹配(第 10 行的 match 函数)。若匹配成功,就调用 colouring 函数为函数名着色(第 15 行)。如下给出接口的匹配算法。

接口匹配算法:InterfaceMatch
Input : API_Onto, sourceCode
Output : newSourceCode

```
Begin
1loadOnto( API_Onto) ; //load ontology file
2   Model base = maker. createModel( ) ; //use the model maker to create the base model
3   OntModel m = ModelFactory. createOntologyModel( API_Onto, base) ; //create the on-
tology model
4   For( Iterator < OntClass > i = m. listClasses( ) ; i. hasNext( ) ; ) {   //parse every el-
ement
5       OntClass c = i. next( ) ;
6   }
7   BufferedReader br = new BufferedReader( sourceCode) ; //read source code
8   while ( ( line = br. readLine( ) ) !  = null) {
9   String word = getFuntionName( line) ; // Obtain the function name
10  match( oc, word) {    //match
11      if( oc. hasSubClass( ) )
12              {
13                      for ( Iterator < OntClass > it = oc. listSubClasses ( true ) ; it. hasNext
( ) ; ) {
14                          if( it. getClassName = word) {
15                              colouring( word) ;
16                              oc = it. next( ) ;
17                              flag = ture ;
18                          } else {
19                              flag = false ;
20                              occ = It. getParent( ) ;
21                              match( occ, word) ;
22                          }
23                      }
24              }
25  }
End
```

在这个算法中，应用了局部语义相关性原理，即，函数周围出现的其他函数与其必然存在一定的相关性。例如，若此处匹配到的是文件系统的系统操作函数FindFirstVolume，那么可以认为函数所处的这段代码实现的功能必然与文件系统的系统操作相关，函数 FindNextVolume 和函数 FindVolumeClose 在这里出现的概率会很高，这样在匹配接下来的函数名时，就不需要从本体图状模型的根节点重新开始匹配，只需要从当前匹配正确的节点开始，匹配与该节点有着引发关系，或条件限定关系，抑或是有时序关系的其他节点，若匹配不成功，获取该节点的父节点，从该节点的父节点开始匹配，若没有则再逐步扩大匹配范围。

3.3.3　实验及分析

本节设计并实现了一个用于代码移植的编辑器 OntoAPIEditor，该编辑器能对打开的源代码中使用的系统调用进行红色标注。

这里给出了一个简单的测试用例，测试用例首先在当前工作路径下创建了一个新的目录（WinAPI CreateDirectory），接下来查找第一个驱动器（WinAPI Find-FirstVolume），遍历所有的驱动器，对于遍历到的每一个驱动器，输出其 GUID，并试图将驱动器挂载到创建的目录之下（WinAPI SetVolumeMountPoint），获取驱动器的第一个挂载点（WinAPI FindFirstVolumeMountPoint），遍历所有的挂载点，输出挂载点的路径，若是挂载点遍历完毕（WinAPI FindNextVolumeMountPoint）或是驱动器遍历（WinAPI FindNextVolume）完毕，就退出遍历。最后关闭用于遍历挂载点的句柄（WinAPI FindVolumeMountPointClose）和遍历驱动器的句柄（WinAPI FindVolumeClose）。

测试用例在代码移植编辑器中打开的结果如图 14 所示。

代码移植编辑器V1.0—nlsde.buaa.edu.cn

```
char s[100],s1[100];
int main()
{
        HANDLE h,h1;
        CreateDirectory(".\\Test",0);
        h=FindFirstVolume(s,100);
        while (1)
        {
                printf("Drive Name: %s\n",s);
                printf("Mount Success: %d\n",SetVolumeMountPoint(".\\Test",s));
                h1=FindFirstVolumeMountPoint(s,s1,100);
                if (h1!=(HANDLE)INVALID_HANDLE_VALUE)
                {
                        while (1)
                        {
                                printf("Mount Point: %s\n",s1);
                                if (!FindNextVolumeMountPoint(h1,s1,100)) break;
                        }
                        FindVolumeMountPointClose(h1);
                }
                if (!FindNextVolume(h,s,100)) break;
        }
        FindVolumeClose(h);
}
```

图 14　测试用例中 Windows API 高亮显示

假设程序员对系统调用函数非常熟悉,可以直接判断,对每行代码进行判断及标注始终保持理想状态,平均需要 1s/LOC,表 3 中对比一下两者在不同情况下对代码中系统调用进行标注所花费的时间。

表 3　手动标注与自动标注使用时间对比

代码行数	338	647	1256
手动标注	338s	647s	1256s
自动标注	0.769ms	0.832ms	0.951ms

从表中可以看出采用自动标注的方法要比程序员手工标注更快速。事实上自动标注的时间开销会因为运行平台硬件配置,算法效率高低的不同而不同。自动标注所花费的时间由两部分组成:

$$T_{auto} = T_{CreateOntoModel} + T_{Match}$$

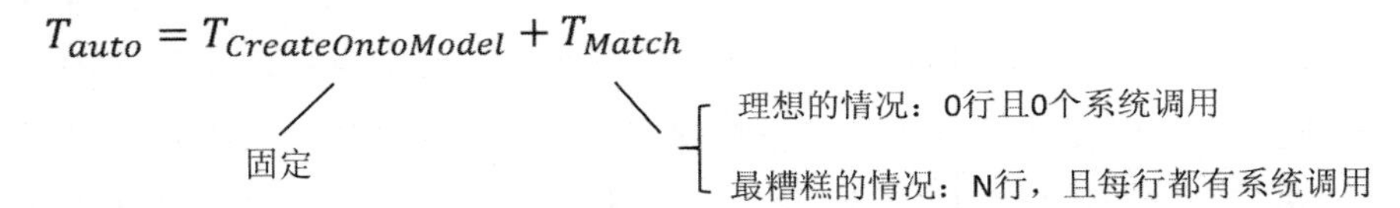
固定
理想的情况：0行且0个系统调用
最糟糕的情况：N行，且每行都有系统调用

其中，$T_{CreateOntoModel}$为读入接口模型，构建本体图状模型所需要的时间，对于特定的操作系统而言，这一时间是固定的。T_{Match}为字符串匹配所花费的时间。假设某一操作系统有 x 个系统调用，在最糟糕的情况下，N 行代码要进行 Nx 次的匹配。若运行编辑器的平台每秒处理 y 个操作。则自动标注所需时间为：

$$T=\frac{x+Nx}{y}=\frac{x(1+N)}{y}\approx\frac{x}{y}N$$

而手动标注 N 行代码需要的时间为 $T = N$。

因此只有在 x > = y 时，即操作系统所提供的系统调用的数量大于或等于计算机每秒运算次数时，自动标注所花费的时间才会大于手动标注。以 Windows 操作系统为例，它虽然提供了数量庞大的 API，特别是到了 Windows 8，API 的数量已达到了 1.3 万个，但是计算机发展至今，每秒的运算次数已是数百万次了。随着计算机技术的逐步发展，每秒的运算次数还会更快。自动标注在时间上相较于手工标注在时间上优势显著。

在准确率上，自动标注的准确率取决于接口模型中对系统调用的覆盖度，而手工标注则取决于程序员的经验与记忆，二者相比较，自动标注的准确率显然要高于手工标注。

3.4　本章小结

每个操作系统都为程序员的开发提供了大量的系统调用。不同的应用中，系统调用按需散落于每个源代码的各个角落中，并与其他函数调用混合在一起。在对源代码的修改过程中，要通过手工来查找替换，不仅需要程序员熟悉不同平台所提供的系统调用，而且需要精通对它们的使用，即便如此，也难免会有疏漏之处；同时对于大型应用软件而言，这种方式是繁锁而低效的。

针对这一问题，本章分析了接口的通用属性及特性，以及在程序中接口与接口可能存在的各种关系。并在此基础上，给出了基于本体的接口模型，从静态和动态两个方面对接口进行形式化建模。通过本体来对接口进行形式化建模，接口就不再是一个个孤立的函数名了，而是被赋予了语义。在对源代码中所使用的系统调用进行定位时，通过语义关系进行快速定位可以避免对接口依次逐个进行匹配，从而可以大大提高匹配的效率。这么做的依据是，若接口 A 与接口 B 存在某种依赖关系,那么接口 B 必然会出现在接口 A 的附近。最后通过实验验证了这一方法的高效性和正确性,并将所给出的系统调用接口自动定位方法与通过手动来对系统调用接口标注的方法进行比较,不论是在时间开销还是在准确率上,本章给出的方法都要优于手工标注的方法,尤其随着软件规模的增大,这种优势愈加凸显。

第四章　异构操作系统间系统调用映射模型

由于设计和实现的不同，异构操作系统对上层应用提供的编程接口不尽相同。因此要实现将运行于某一操作系统之上的应用软件移植到另一个异构操作系统之上，就需要将该应用软件中涉及的编程接口转换成移植的目标操作系统的编程接口。例如，要将运行于 Windows 操作系统之上的应用软件移植到 Linux 操作系统之上，就是要将应用软件的源代码中所调用的 Windows 的 API 用 Linux 的系统调用来解释，这是因为，在 Linux 操作系统上，Windows 的 API 与一个没有实现的普通接口无异，要么将它改写为 Linux 平台支持的接口，要么补充它的具体实现。本章中，将以 Windows 操作系统和 Linux 操作系统为例，通过分析两者之间存在的差异，建立各种 Windows 系统调用到 Linux 系统调用的映射，并在此基础上，建立异构操作系统间系统调用的映射模型。

4.1　Windows 系统调用到 Linux 系统调用的映射

Windows 是商业闭源操作系统的典型代表，而 Linux 是自由开源操作系统中的典型代表。二者在许多机制上都有所不同，是典型的异构操作系统。例如，在 Windows 操作系统中，提供给用户的编程接口被称为 API（Application Programming Interface，应用程序编程接口），它是由操作系统实现的所有系统调用所构成的集合，而在 Linux 中，提供给用户的编程接口则是系统调用，从 API 的定义中可以看出，API 是对系统调用的进一步封装。由于 Windows 和 Linux 同为操作系统，它们的存在都是为了弥补硬件和应用间的差距，因此尽管 Windows 和 Linux 之间存在差异，但仍然在大部分基本的功能实现上是对应的。例如，虽然在 Linux 中，基本执行单位是进程，而在 Windows 中，进程并不是基本的执行单位，它是容纳基本执行单位——线程的容器，但是在创建进程、终止进程、使用等待函数、退出进程等方面，Windows API 所提供的功能是可以和 Linux 的系统调用直接映射的。

然而并非 Windows 中所有的功能实现都能在 Linux 中找到相应的对应实现，甚至可以说 Windows 中有很多功能在 Linux 中都没有明显的对应实现[117]。例如，在 Windows 中，内存管理强调由虚存管理和堆管理构成的两层结构，而在 Linux 中则并非如此；在 Windows 中，同步机制提供了“多对象同时等待和释放”这一避免死锁的功能，而在 Linux 中却找不到在语义上的相应实现。在 Windows 中，异步调用（asynchronous procedure call，APC）是通过线程的 APC 队列和线程的“可被警报的（Alertable）”状态相结合来实现的，即线程只有在进入“可被警报的”的状态或者是从挂起状态退出时才会执行 APC，并且在没有进入这一状态时的 APC 会保存在 APC 队列中，而 Linux 中的信号机制则不具有这一特性。

在本节中，将分别从文件系统、内存管理、进程线程和同步这四大操作系统中最为基础且最为重要的四大功能模块入手进行分析，如图 15 所示，建立两个操作系统之间系统调用的映射关系。

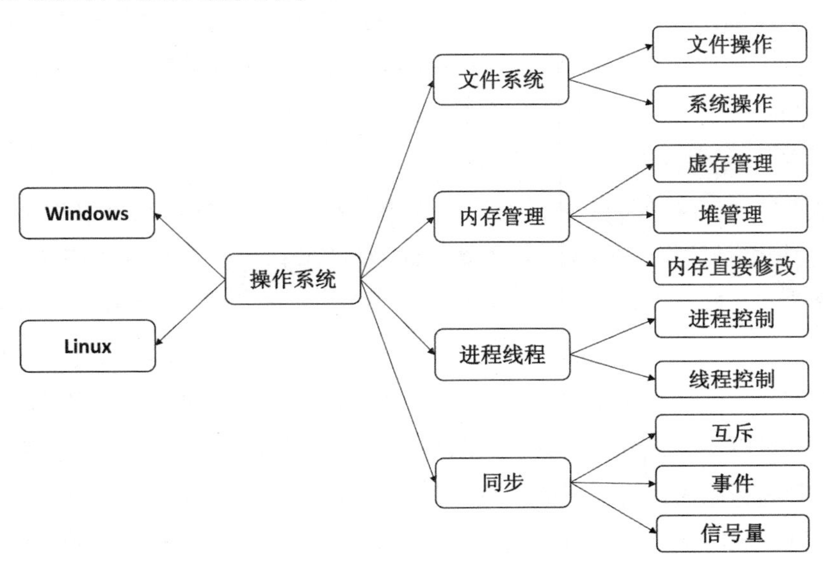

图 15　功能模块分解示意图

4.1.1 文件系统

4.1.1.1 文件操作

(1)创建/打开文件

CreateFile 函数的功能非常强大,可以用来创建或打开一个给定访问权限和属性的文件、目录、物理磁盘、控制台缓冲区、管道等,甚至用来打开 Windows 下的大部分底层设备。

```
HANDLE WINAPI CreateFile(
        LPCTSTR  lpFileName,      //file name
        DWORD    dwDesiredAccess, //access mode
        DWORD    dwShareMode,     //share mode
        LPSECURITY_ATTRIBUTES lpSecurityAttributes,  //SD
        DWORD    dwCreationDisposition,        //how to create
        DWORD    dwFlagsAndAttributes,         //file attributes
        HANDLE   hTemplateFile   //handle to template file
);
```

在文件操作中,要对文件进行读写等操作,首先必须获得文件句柄,通过 CreateFile 函数就可以获得文件句柄。CreateFile 函数可以映射到 Linux 中的 open 函数,其中的 dwDesiredAccess 选项在 Linux 的 open 中也有简单的对应,文件访问权限亦可在 open 中设置。

这里涉及了 Windows 中一个非常重要的机制——句柄,它可以用来操作文件、对象等多种结构。句柄分为对象句柄和特殊句柄,其中对象句柄和 Linux 的文件描述符等同;而特殊句柄一般是地址或者伪句柄或者一些中间结果的操作接口,可以用一个 FILE 结构替代。

在 Linux 中,文件描述符的继承是通过 fcntl 函数来实现的。在 Windows 中,对象句柄可以被子进程继承,这一属性一般是在句柄创建时设置一次,然后在创建子进程时再临时确定需不需要继承先前设置过的句柄。在 Linux 中,可以在第一次指定时就将所有可继承的句柄列入一个表中,这样在创建子进程时就可以根据需要来设置表中的句柄。当进程不再使用某一对象句柄时,应当通过 CloseHandle 函数来向操作系统声明结束对该对象句柄的访问。

```
BOOL WINAPI CloseHandle(
        HANDLE hObject
);
```

在 Linux 中,使用 close 函数便可以结束指定的文件描述符。

(2)读写文件

文件创建或打开后,就可以对文件进行读和写操作,读操作是将文件内容读入缓冲并指定读入的字节数,通过返回的 BOOL 值来告知用户是否成功读入了指定字节数的内容;写操作是将缓冲中的数据写入文件,同样也指定了写入的字节数,通过返回的 BOOL 值来告知用户是否成功写入了指定字节数的内容。

```
BOOL WINAPI ReadFile(                      |  BOOL WINAPI WriteFile(
    HANDLE  hFile,                         |      HANDLE  hFile,              //handle to file
    LPVOID  lpBuffer,                      |      LPVOID  lpBuffer,           //data buffer
    DWORD   nNumberOfBytesToRead,          |      DWORD   nNumberOfBytesToWrite,  //number of bytes to read
    LPDWORD lpNumberOfBytesRead,           |      LPDWORD lpNumberOfBytesWritten, //number of bytes read
    LPOVERLAPPED lpOverlapped,             |      LPOVERLAPPED lpOverlapped,      //overlapped buffer
);                                         |  );
```

在 Linux 中,read 函数和 write 函数可以实现同样的功能。

(3)获取文件信息

函数 GetFileSize 用来获取文件大小,若函数执行成功,则返回文件大小的低双字;若 lpFileSizeHigh 参数不是 NULL,则函数执行后,将文件大小的高双字放入它指向的 DWORD 变量中。GetFileAttributes 函数用来查看指定文件或者目录的属性,SetFileAttributes 函数则是用来为指定文件设置 dwFileAttributes 属性。

```
DWORD WINAPI GetFileSize(
    HANDLE  hFile,             //handle to file
    LPDWORD lpFileSizeHigh     //high-order word of file size
);
DWORD WINAPI GetFileAttributes(           |  DWORD WINAPI SetFileAttributes(
    LPCTSTR lpFileName    //file name     |      LPCTSTR lpFileName,       //file name
                                          |      DWORD   dwFileAttributes  //attributes
);                                        |  );
```

这里,函数 GetFileSize 通过对象句柄来获取文件大小,在 Linux 中,函数 fstat 通过文件描述符来获取文件的大小,两者可以相互映射。

GetFileAttributes 函数只考虑了文件的 FILE_ATTRIBUTE_READONLY 属性和 FILE_ATTRIBUTE_NORMAL 属性，在 Linux 中，stat 函数可以返回详细的文件操作权限，若权限可写，就认为是满足 FILE_ATTRIBUTE_NORMAL 属性，否则，就认为是满足 FILE_ATTRIBUTE_READONLY 属性。

同样，SetFileAttributes 函数也只考虑了文件的 FILE_ATTRIBUTE_READONLY 属性和 FILE_ATTRIBUTE_NORMAL 属性，对应 Linux 中，chmod 函数则将文件操作权限细化为十余种，由于 S_IRUSR|S_IXUSR|S_IRGRP|S_IXGRP|S_IROTH|S_IXOTH 等模式都不能对文件执行写操作，因此认为它们可以等同 FILE_ATTRIBUTE_READONLY 属性，而其余 S_IRWXU|S_IRGRP|S_IXGRP|S_IROTH|S_IXOTH 等模式则可以与 FILE_ATTRIBUTE_NORMAL 属性建立对应关系。

(4) 文件拷贝、删除和移动

函数 CopyFile 可以将给定路径的文件以新名字复制到新路径中，如果参数 bFailIfExists 非零，则当文件存在时，函数执行失败，否则不会导致函数执行失败。

```
BOOL WINAPI CopyFile(
        LPCTSTR  lpExistingFileName,   //name of an existing file
        LPCTSTR lpNewFileName,         //name of new file
        BOOL    bFailIfExists          //operation if file exists
);
BOOL WINAPI DeleteFile(
        LPCTSTR lpFileName             //file name
);
BOOL WINAPI MoveFile(
        LPCTSTR lpExistingFileName,    //file name
        LPCTSTR lpNewFileName          //new file name
);
```

在 Linux 中，文件分为正规(Regular)和不正规(Irregular)两类。正规文件才是通常意义上的可复制文件。因此首先需要用 stat 函数来判断文件是否是正规文件。同时，如果新路径和老路径所指的文件(亦即 inode 节点)相同时，是不能进行复制操作的。当进行文件复制操作时，需要先通过 read 函数将源文件中内容全部读出到缓存中，然后再用 write 函数将内容写入到新路径指定的文件中，最后调用 chmod 函数将拷贝后生成的文件的权限设置为与源文件一样。由此可见，Windows 中的 CopyFile 函数所完成的工作，在 Linux 中，需要由一组函数（stat→read→write→chmod）按一定顺序来完成。

相对而言，函数 DeleteFile 的映射关系就简单许多，DeleteFile 函数用来删除给定的单个文件，删除文件实际上就是删除系统中对应的文件名。在 Linux 中，unlink 可以实现同等的操作功能。

函数 MoveFile 用于将指定路径的文件移动到新路径，或者将位于指定路径的文件夹中的文件移动到新路径。在 Linux 中，可以首先用 stat 函数来判断指定路径是否是文件夹，若不是文件夹，则调用 link 函数将原文件名链接到新文件名上，最后通过 unlink 删除原文件名；若是文件夹，则需要递归遍历整个目录子树，然后再依次调用 stat、link、unlink 来移动文件。

（5）文件查找

FindFirstFile 函数用于到一个文件夹（包括子文件夹）中去搜索指定文件，函数中的类型为 LPWIN32_FIND_DATA 的参数 lpFindFileData 指向一个用于保存文件信息的结构体，函数调用成功后，其返回值可以用作 FindNextFile 函数的参数，以继续查找下一个文件。

```
HANDLE WINAPI FindFirstFile(                                        |  HANDLE WINAPI FindNextFile(
    LPCTSTR              lpFileName,        //file name             |      HANDLE hFindFile,                            //search handle
    LPWIN32_FIND_DATA    lpFileData         //data buffer           |      LPWIN32_FIND_DATA    lpFindFileData    //data buffer
);                                                                  |  );
```

在 Linux，要实现 FindFirstFile 函数的功能，可以先使用函数 readdir 和 opendir 找到第一个文件，再使用 stat 函数获取文件权限、最近访问时间、文件大小信息，并存储在一个 FILE 结构体中，返回指向 FILE 结构体的句柄，该句柄中包含有用于下次寻找的记录信息。若要继续查找下一个文件，则读取句柄中记录的信息，再调用 readdir 函数即可。

（6）创建文件夹

函数 CreateDirectory 用于在指定位置创建一个新文件夹，在 Linux 中，对应于函数 mkdir。

```
BOOL WINAPI CreateDirectory(
        LPCTSTR lpPathName,
        LPSECURITY_ATTRIBUTES lpSecurityAttributes
);
```

（7）获取/设置工作路径

由于常常都需要读取当前目录下的配置参数文件，或者运行当前目录下的某个程序，因此就需要获取当前进程的目录位置，这就需要使用函数 GetCurrentDirectory，该函数可以用来获取当前进程所在的目录。同时也可以使用 SetCurrentDirectory 函数来改变进程的当前目录。

```
DWORD WINAPI GetCurrentDirectory(      |  DWORD WINAPI SetCurrentDirectory(
        DWORD   nBufferLength,         |          LPCTSTR lpPathName
        LPCTSTR lpBuffer               |  );
);                                     |
```

在 Linux 中，使用 getcwd 函数可以取得当前进程的工作路径，使用函数 chdir 可以设置调用进程的工作路径。

（8）时间转换

Windows 中，函数 FileTimeToLocalFileTime 用于将文件时间转换成本地时间，函数 FileTimeToSystemTime 则用于将文件时间转换成系统时间。

```
BOOL WINAPI FileTimeToLocalFileTime(    |  BOOL WINAPI FileTimeToSystemTime(
        const FILETIME *lpFileTime,     |          const FILETIME *lpFileTime,
        LPFILETIME lpLocalFileTime      |          LPSYSTEMTIME lpSystemTime
);                                      |  );
```

在 Linux 中，要将文件时间转换成本地时间，可以先通过函数 localtime 来获得时区信息，然后对文件时间做偏移。而要将文件时间转换成系统时间，需要先将文件时间转成 Linux 中的绝对时间，然后再使用函数 gmtime 从绝对时间中提取年月日等信息。

在进行时间的转换中，由于 Windows 的绝对时间是从 1601. 1. 1 12:00:00（UTC）起，以 10^{-7} s 为单位计的，而 Linux 的系统时间是从 1970. 1. 1 00:00:00（UTC）起，以 1 s 为单位计的[115][116]。因此存在如下的转换关系：

$$WindowsTime = LinuxTime \cdot 10000000 + 116444736000000000$$

4.1.1.2　系统操作

(1)驱动器查找

Windows 中,用 FindFirstVolume 函数来查询计算机的一个驱动器的名字,调用后,会开始扫描一台计算机上的所有驱动器。此函数打开一个驱动器的句柄,并返回在此计算机上找到的第一个驱动器的信息。函数执行后返回的句柄可以作为函数 FindNextVolume 和 FindVolumeClose 的参数,根据返回的句柄 FindNextVolume 函数可以继续查找下一个驱动器。也可以在不再需要的时候,通过 FindVolumeClose 函数来关闭该句柄。

```
HANDLE WINAPI FindFirstVolume(
        LPTSTR lpszVolumeName,
        DWORD cchBufferLength
);
BOOL WINAPI FindNextVolume(
        HANDLE hFindVolume,
        LPTSTR lpszVolumeName,
        DWORD cchBufferLength
);
BOOL WINAPI FindVolumeClose(
        HANDLE hFindVolume
);
```

UUID(Universally Unique Identifier)和 GUID(Global Unique Identifier)分别是 Linux 和 Windows 中对设备的唯一标识的称呼[115][116]。在 Windows 中,只有一种格式,XXXXXXXX－XXXX－XXXX－XXXX－XXXXXXXXXXXX,而在 Linux 中除了这种格式外,还有多种格式,在必要的时候,需要做格式转换。

在 Linux 中,所有的 UUID 都存储在目录/dev/disk/by－uuid 下,要获得第一个驱动器的信息,可以通过函数 readdir 和 opendir 找出位于该目录下的第一个文件。句柄指向一个 FILE 结构,对应文件中已经将上述目录中所有 UUID 文件名输出,最后只需要转换一下字符串格式即可,具体的转换过程,就不在此赘述了。

这样,当要继续查找下一个驱动器时,则只需要读取句柄指向的 FILE 结构所对应文件中的记录信息即可。

最后，当不再需要使用返回的句柄时，调用 fclose 函数即可关闭 FindFirstFile 返回的句柄。

(2)驱动器挂载点查找

FindFirstVolumeMountPoint 函数是根据驱动器的 GUID 来查询该驱动器的第一个挂载点，函数执行后返回的句柄可以作为函数 FindNextVolumeMountPoint 和 FindVolumeMountPointClose 的参数，根据返回的句柄 FindNextVolumeMountPoint 函数可以继续查找下一个驱动器的挂载点。也可以在不再需要的时候，通过 FindVolumeMountPointClose 函数来关闭该句柄。

```
HANDLE WINAPI FindFirstVolumeMountPoint(
            LPTSTR lpszRootPathName,
            LPTSTR lpszVolumeMountPoint,
            DWORD cchBufferLength
);
BOOL WINAPI FindNextVolumeMountPoint(
            HANDLE hFindVolumeMountPoint,
            LPTSTR lpszVolumeMountPoint,
            DWORD cchBufferLength
);
BOOL WINAPI FindVolumeMountPointClose(
            HANDLE hFindVolumeMountPoint
);
```

如前文所述，在 Linux 中，所有的 UUID 都以文件的形式存放在目录/dev/disk/by - uuid 下，每个 UUID 文件链接到其对应设备的设备文件。而在文件/etc/mtab 中则给出了所有设备的设备文件和其挂载点的对应关系。因此通过函数 readdir 和 opendir 可以得到设备 UUID 和其挂载点的对应关系。当找到驱动器的第一个挂载点时，便将其所有挂载点记录到返回句柄指向的 FILE 结构对应的文件中。

这样，当要继续查找下一个挂载点时，就只需要读取句柄指向的 FILE 结构所对应的文件中的记录信息即可。

最后，当不再需要使用返回的句柄时，调用 fclose 函数即可关闭 FindFirstVolumeMountPoint 返回的句柄。

(3)其他操作

Windows 中,不仅可以根据 GUID 获得驱动器挂载点,还可以反向根据驱动器挂载点得到 GUID,函数 GetVolumeNameForVolumeMountPoint 便提供了这一功能。同样,还可以通过 SetVolumeMountPoint 函数将指定的 GUID 所对应的驱动器挂载到指定的路径上。

```
BOOL WINAPI GetVolumeNameForVolumeMountPoint(
            LPCTSTR lpszVolumeMountPoint,
            LPTSTR lpszVolumeName,
            DWORD cchBufferLength
);
BOOL WINAPI SetVolumeMountPoint(
            LPCTSTR lpszVolumeMountPoint,
            LPCTSTR lpszVolumeName
);
```

Linux 中,要根据驱动器挂载点得到 GUID,可以先通过函数 readdir 和 opendir 从文件/etc/mtab 中找到挂载点对应的设备文件。接下来再一次通过函数 readdir 和 opendir 从文件/dev/disk/by - uuid 中找到设备文件对应的 UUID 文件,从而找到驱动器对应的 UUID,最后通过字符串转换,将其转换为 Windows 中的 GUID 格式。

若要将给定 GUID 对应的驱动器挂载到给定路径上,则可以根据 GUID 找到其设备文件,然后再调用 mount 函数。

4.1.2 内存管理

4.1.2.1 虚存管理

(1)土虚存空间分配

函数 VirtualAlloc 用于在虚存中分配一段连续的指定字节(页对齐)字节的空间。若没有指定分配的起始位置,则系统会自动选择一块空间,否则系统将试图从指定的分配的起始位置开始分配(需要页对齐)。空间分配后,为空间设置分配的类型和该内存的初始保护属性。

```
LPVOID WINAPI VirtualAlloc(
            LPVOID lpAddress,
            SIZE_T dwSize,
            DWORD flAllocationType,
            DWORD flProtect
);
```

Linux 中,使用 brk 函数,分配出一大块连续的空间来用作“类 Windows 虚存”,然后使用 mmap 系统调用来分配页面对齐的空间,再设置页面的状态,最后通过 mprotect 函数来设置页面的访问权限。若没有指定分配的起始位置,则从起始地址开始依次向后寻找符合要求的空间,否则判断从指定地址开始是否存在符合分配要求的空间。

(2)虚存空间释放

函数 VirtualFree 用于释放从指定地址开始指定字节的虚拟内存(页对齐)。

```
BOOL WINAPI VirtualFree(
            LPVOID lpAddress,
            SIZE_T dwSize,
            DWORD dwFreeType
);
```

其中,dwFreeType 有两种类型,若 dwFreeType 为 MEM_DECOMMIT, 则取消 VirtualAlloc 提交的页,所有相关页面(不能有空闲的页面)都将会变成保留的。若 dwFreeType 为 MEM_RELEASE 时,则释放指定的页,且 dwSize 必须设置为 0,否则函数调用会失败。

在 Linux 中,根据 dwFreeType 的取值,决定是将页面设置为空闲还是保留,可以将页面状态写入某一数组中,也可以采用其他方式。

(3)虚拟空间访问权限修改

函数 VirtualProtect 用来修改从指定位置开始,指定大小的页面的访问权限(页面)。这个待修改的页面必须是提交的,该页面修改前的访问权限将会被保存至一个指定的内存中。

```
BOOL WINAPI VirtualProtect(
        LPVOID lpAddress,
        SIZE_T dwSize,
        DWORD flNewProtect,
        PDWORD lpflOldProtect
);
```

在 Linux 中，首先判断页面是否满足条件，然后存储页面的访问权限到指定位置，最后通过函数 mprotect 来修改该页面的访问权限。

(4)页面加锁/解锁

函数 VirtualLock 用来锁定从指定位置起，指定字节大小的页面（页对齐），函数只能锁定提交的页面，且页面的访问权限不为 PAGE_NOACCESS。函数 VirtualUnlock 实现的功能则相反，用来对从指定位置起，指定字节大小的页面（页对齐）解除锁定，需要解除锁定的页面必须已经被锁定。

```
BOOL WINAPI VirtualLock(           |    BOOL WINAPI VirtualUnlock(
        LPVOID lpAddress,          |            LPVOID lpAddress,
        SIZE_T dwSize              |            SIZE_T dwSize
);                                 |    );
```

在 Linux 中，首先判断待处理的页面是否满足条件，然后使用函数 mlock 进行加锁操作，或是使用函数 munlock 进行解锁操作，最后修改页面的状态。

(5)获取页表大小

函数 GetSystemInfo 可以用来获取页表大小。与 Linux 中的 getpagesize 函数所实现的功能相对等。

```
void WINAPI GetSystemInfo(
        LPSYSTEM_INFO lpSystemInfo
);
```

4.1.2.2　堆管理

(1)创建堆

在 Windows 中，堆是一段保留或提交的页面，它建立在虚存管理之上，但不同于虚存管理，堆需要有控制模块和内存块链表等数据结构，分配的内存块通过链表连接。堆有两种，一种是可增长堆，一种是不可增长堆。可增长堆有初始大小，但没有最大大小限制。而不可增长堆有初始大小和最大大小限制，任何试图使不可增长堆超过最大大小的分配操作都将失败。

函数 HeapCreate 用来创建一个指定初始大小和指定最大大小限制的不可增长堆（页对齐）。若最大大小限制为零，即无最大大小限制时，表示函数创建的是一个可增长堆。函数执行成功后，返回堆的句柄，句柄指向一个 FILE 结构，其对应的文件中存储了堆的首地址。

```
HANDLE WINAPI HeapCreate(
        DWORD flOptions,
        SIZE_T dwInitialSize,
        SIZE_T dwMaximumSize
);
```

在 Linux 中，通过函数 mmap 分配页对齐的页面，若是不可增长堆，则将最大大小限制的页面的状态设置为保留，将其中靠前的初始大小的页面的状态设置为提交；若是可增长堆，则将初始大小的页面的状态设置为保留和提交。

为了更好地记录堆的信息，为每个堆设计了头部来记录相关信息，同样也为堆内的每个内存块设计了头部来记录信息。

```
typedef struct _HEAP_BLOCK_HEAD                          //堆的内存块的头部
{
        struct _HEAP_BLOCK_HEAD *PreBlock;               //前一个内存块
        struct _HEAP_BLOCK_HEAD *NextBlock;              //下一个内存块
        DWORD Size;                                      //块可用大小
        char Free;                                       //是否是空闲块
}HEAP_BLOCK_HEAD;
typedef struct _HEAP_HEAD                                //堆的头部
{
        HEAP_BLOCK_HEAD *FirstBlock;                     //堆的第一个内存块
        DWORD Size;                                      //为堆保留的内存大小
        DWORD MaximumSize;                               //堆的最大大小
        char Growable;                                   //是否是可增长堆
        char Executable;                                 //是否可以在堆中运行代码
}HEAP_HEAD;
#define MAXIMUM_HEAPS 32                                 //最大堆数目（自定义）
int HeapNum;                                             //当前堆数量
HANDLE HeapHandle[MAXIMUM_HEAPS];                        //每个堆的句柄
```

(2)堆的分配/再分配

函数 HeapAlloc 用于为给定的堆分配一块指定字节大小的空间。函数 HeapReAlloc 则用于将给定的堆的大小更改为指定字节大小的空间,更改操作中,可以通过参数设置来保持内存块首地址不变,以及将新增空间清零等。

```
LPVOID WINAPI HeapAlloc(        |    LPVOID WINAPI HeapReAlloc(
        HANDLE hHeap,           |            HANDLE hHeap,
        DWORD dwFlags,          |            DWORD dwFlags,
        SIZE_T dwBytes          |            LPVOID lpMem,
);                              |            SIZE_T dwBytes
                                |    );
```

在 Linux 中,首先先遍历整个内存块链表,查看是否有足够大满足条件的空闲块,若有,则通过 mmap 函数分配页面。若没有足够大的空闲块,则视情况不同做不同的处理。若是为不可增长堆分配空间,则在不会导致堆超过最大大小的前提下,接着上一次提交的虚存再通过 brk 函数分配出一块内存空间作为“类 Windows 虚存”,并将状态设置为提交,然后再通过 mmap 函数从该空间中分配页面。若是为可增长堆分配空间,则不需要接着上一次提交的虚存分配。

堆空间的再分配,首先先计算给定内存块之后所有地址衔接并且在内存块链表中也衔接的空闲块的大小总和,若总和可以满足分配需求,则合并这些内存块,通过 mmap 函数从合并后的空间中分配页面,若不满足条件,则重新为堆分配一块指定大小的空间,将堆中的数据复制到新空间中,并释放原内存块。

(3)堆的大小

函数 HeapSize 用来获取给定堆的内存块的大小。这一值可以直接从堆的头部信息中读取。

```
SIZE_T WINAPI HeapSize(
        HANDLE hHeap,
        DWORD dwFlags,
        LPCVOID lpMem
);
```

(4)堆释放/销毁

函数 HeapFree 用于释放指定的堆,函数 HeapDestroy 则用于销毁指定的堆。堆释放后,堆中分配的内存块仍可用,而堆销毁后,堆中分配的内存以及堆句柄都将不可用。

```
BOOL WINAPI HeapFree(          |     BOOL WINAPI HeapDestroy(
        HANDLE hHeap,          |             HANDLE hHeap
        DWORD dwFlags,         |     );
        LPVOID lpMem           |
);                             |
```

要在 Linux 中实现释放堆的功能,只需要将堆内存块的头部中的 Free 标识置位,并且将所有地址衔接并且在内存块链表中也衔接的空闲内存块进行合并,同时更新相关头部信息。

要销毁指定的堆,首先也要释放堆中的内存块,先判断堆的类型,若为不可增长堆,则一次性释放堆保留或提交的所有页面。若为可增长堆,则分次释放其每次保留的页面。最后调用 close 函数关闭堆句柄。

(5)返回堆句柄

函数 GetProcessHeap 用于返回初始堆的句柄,函数 GetProcessHeaps 则用于将所有堆的句柄都放入指定的句柄缓冲中。

```
HANDLE WINAPI GetProcessHeap();
DWORD WINAPI GetProcessHeaps(
        DWORD NumberOfHeaps,
        PHANDLE ProcessHeaps
);
```

如前文所述,堆的头部信息中,通过名为 HeapHandle 数据依次存储了所有堆的句柄,要返回初始堆的句柄只需要返回 HeapHandle[0]即可,若要将所有堆的句柄都放入指定的句柄缓冲中,则只需将 HeapHandle 数组中的所有句柄放入缓冲。

4.1.2.3　内存直接修改

(1)内存拷贝

从指定位置拷贝指定字节的内存到目标位置处,若两段内存不能重叠,则使用函数 CopyMemory;若两段内存可以重叠,则使用函数 MoveMemory。

```
void CopyMemory(                |    void MoveMemory(
        PVOID Destination,      |            PVOID Destination,
        const VOID *Source,     |            const VOID *Source,
        SIZE_T Length           |            SIZE_T Length
);                              |    );
```

这两个函数分别对应于 Linux 中的 memcpy 函数和 memmove 函数。

(2)内存填充

函数 FillMemory 用于将从指定位置起的指定长度的字节都填充为指定内容,若是要填充的指定内容为零,则可以直接使用函数 ZeroMemory 来完成。

```
void FillMemory(                    |     void ZeroMemory(
        PVOID Destination,          |             PVOID Destination,
        SIZE_T Length,              |             SIZE_T Length
        BYTE Fill                   |     );
);                                  |
```

在 Linux 中,它们的功能都可以使用函数 memset 来完成。

4.1.3　进程线程

4.1.3.1　进程控制

(1)创建进程

在 Windows 中,函数 CreateProcess 用于创建一个指定名称和路径的新进程。函数中确定了句柄是否要继承给子进程,同时定义了进程可使用的环境变量。

```
BOOL WINAPI CreateProcess(
        LPCTSTR lpApplicationName,                        //name of executable module
        LPTSTR lpCommandLine,                             //command line string
        LPSECURITY_ATTRIBUTES lpProcessAttributes,
        LPSECURITY_ATTRIBUTES lpThreadAttributes,
        BOOL bInheritHandles,                             //handle inheritance option
        DWORD dwCreationFlags,                            //creation flags
        LPVOID lpEnvironment,                             //new environment block
        LPCTSTR lpCurrentDirectory,                       //current directory name
        LPSTARTUPINFO lpStartupInfo,                      //startup information
        LPPROCESS_INFORMATION lpProcessInformation        //process information
);
```

在 Linux 中,首先通过函数 fork 创建一个具有新的 PID 的子进程,然后使用 setpgid 函数切换到新的 PID,最后使用 exec 函数将现有进程改变为将要执行的进程。但是 Linux 的 exec 函数族成功执行后是不会有返回值的,因此执行 ptrace 函数来让子进程被父进程跟踪,若函数 exec 执行失败,则子进程向自己发一个 SIGKILL 信号。若函数 exec 执行成功,那么子进程会向自己发送一个 SIGTRAP 信号。最后调用函数 waitpid,父进程就可以获得子进程的 exec 是否成功的信息。

(2)进程命令行

函数 GetCommandLine 用于获取进程命令行。

```
LPTSTR WINAPI GetCommandLine();
```

在 Linux 中,查找环境变量_COMMANDLINE,若有,将其内容输出,否则,通过读取 ps -ef 中的 CMD 栏来获得进程命令行。

(3)获得当前进程

函数 GetCurrentProcess 用来获得当前进程,返回的是伪句柄,值为 -1。

```
HANDLE WINAPI GetCurrentProcess();
```

在 Linux 中,可直接返回 -1。

(4)获取进程号

函数 GetProcessId 用于获得给定进程的进程号,函数 GetCurrentProcessId 则用于获得当前进程的进程号。

```
DWORD WINAPI GetProcessId(HANDLE Process);
DWORD WINAPI GetCurrentProcessId();
```

在 Linux 中,要获得指定进程的进程号,首先判断进程句柄,若是伪句柄(-1),则表明指定进程就是当前进程,调用 getpid 函数便可获得进程号,否则,读取进程句柄中存储的进程号。

(5)获取/设置进程的优先级

在 Windows 中,使用函数 SetPriorityClass 来设置特定进程的优先级等级,使用函数 GetPriorityClass 来获得特定进程的优先级等级。

```
DWORD WINAPI GetPriorityClass(        |    BOOL WINAPI SetPriorityClass(
        HANDLE hProcess               |            HANDLE hProcess,
);                                    |            DWORD dwPriorityClass
                                      |    );
```

在 Linux 中,可以使用函数 setpriority 来设置或者修改普通进程的优先级层次,还可以使用函数 sched_setscheduler( ) 来修改正在运行的进程的调度优先级,也可以通过函数 sched_setparam 来仅修改进程优先级。相反,可以使用 getpriority

函数来获取进程的优先级层次。

(6)获取/设置环境变量

函数 GetEnvironmentStrings 用于获取所有环境变量字符串;函数 GetEnvironmentVariable 用来获得指定名称的环境变量,并存入缓冲之中;函数 SetEnvironmentVariable 则是用来为将给定值设置给指定名称的环境变量,若给定值为 NULL,则意味着要删除该环境变量。

```
LPTCH WINAPI GetEnvironmentStrings();
DWORD WINAPI GetEnvironmentVariable(        |      BOOL WINAPI SetEnvironmentVariable(
            LPCTSTR lpName,                  |      LPCTSTR lpName,
            LPTSTR lpBuffer,                 |              LPCTSTR lpValue
            DWORD nSize                      |      );
);                                           |
```

Linux 中的 environ 函数可以将 Linux 的环境变量数组转换为 Windows 的环境变量字符串。函数 getenv 可以实现函数 GetEnvironmentVariable 同样的功能。环境变量设置时,首先要进行判断,若给定值不为 NULL,则调用函数 setenv;若给定值为 NULL,则需要调用函数 unsetenv。

(7)进程退出/中止

函数 ExitProcess 用于退出当前进程,并将退出码设置为指定的值;函数 TerminateProcess 用于中止指定的进程,同时也将退出码设置为指定的值。

```
VOID WINAPI ExitProcess(     |      BOOL WINAPI TerminateProcess(
        UINT uExitCode       |              HANDLE hProcess,
);                           |              UINT uExitCode
                             |      );
```

在 Linux 中,执行函数 exit 可以退出当前进程,执行函数 kill 可以中止进程。最后将退出码写入与进程建立关联的文件中,该文件中还记录了进程相关的其他信息。

4.1.3.2 线程控制

(1)线程创建

在 Windows 中,函数 CreateThread 用于创建一个线程并且返回一个完全访问权限的句柄。

```
HANDLE WINAPI CreateThread(
        LPSECURITY_ATTRIBUTES lpThreadAttributes,
        SIZE_T dwStackSize,
        LPTHREAD_START_ROUTINE lpStartAddress,
        LPVOID lpParameter,
        DWORD dwCreationFlags,
        LPDWORD lpThreadId
);
```

函数的参数中，lpThreadAttributes 是指向线程属性的指针，它决定了线程句柄是否能由子进程继承；参数 dwStackSize 是将要分配给新线程的以字节为单位的栈大小，栈大小应该是 4 Kb 的非零整数倍，最小为 8 Kb；lpStartAddress 参数给出的是刚创建的线程要执行的函数的地址；lpParameter 则指定了要传递给刚创建的线程的参数。

在 Linux 中，使用 pthread 库调用函数 pthread_create 来派生线程，函数 CreateThread 中的 lpStartAddress 和 lpParameter 参数相当于函数 pthread_create 中的参数 start_address 和 arg，函数 CreateThread 中的 dwStackSize 参数在线程属性对象中设置，但是在为新线程设置任何属性之前，都需要通过调用函数 pthread_attr_init 来初始化这个属性对象，之后调用函数 pthread_attr_setstacksize 来设置栈大小，最后还要调用函数 pthread_attr_destroy 来销毁属性对象。

（2）线程的挂起/恢复

函数 SuspendThread 用于将指定线程挂起，并将挂起计数加 1；而函数 ResumeThread 则用于恢复执行指定的进程，挂起计数减 1。

```
DWORD WINAPI SuspendThread(HANDLE hThread);
DWORD WINAPI ResumeThread(HANDLE hThread);
```

在 Linux 中，可以通过依次调用函数 pthread_mutex_lock、pthread_mutex_unlock、pthread_cond_wait、pthread_cond_signal 来实现线程的挂起与唤醒。

```
Suspend                                  |     Resume
pthread_mutex_lock(&mut);                |     pthread_mutex_lock(&mut);
while (条件判断) {                        |     if (条件判断) {
    pthread_cond_wait(&cond, &mut);      |         pthread_cond_signal(&cond);
}                                        |     }
pthread_mutex_unlock(&mut);              |     pthread_mutex_unlock(&mut);
```

线程挂起的实现中,首先调用函数 pthread_mutex_lock 为 mut 互斥量加锁,当执行到函数 pthread_cond_wait 时,此时如果满足条件,则将 cond 条件变量加锁,再调用函数 pthread_mutex_unlock 将 mut 互斥量解锁 ,此时线程挂起(不占用任何 CPU 周期)。

线程恢复的过程是,再次调用函数 pthread_mutex_lock 为 mut 互斥量加锁,通过 IF 条件语句进行条件判断,如果满足条件,则函数 pthread_cond_signal 会唤醒挂起的线程 ,并通过调用函数 pthread_mutex_unlock 释放互斥量 mut。然后挂起的线程开始从 pthread_cond_wait( )执行,首先还要调用函数 pthread_mutex_lock 再次为 mut 加锁,再进行条件的判断,如果满足条件,则线程被唤醒进行处理,最后调用函数 pthread_mutex_unlock 释放互斥量 mut 。

(3)线程退出/中止

函数 ExitThread 用于退出当前线程,并将退出码设置为指定的值;函数 TerminateThread 用于中止指定线程,并将退出码设置为指定的值;函数 GetExitCodeThread 则用于获取指定线程的退出码。

```
VOID WINAPI ExitThread(        |  BOOL WINAPI TerminateThread(   |  BOOL WINAPI GetExitCodeThread(
        DWORD dwExitCode       |          HANDLE hThread,        |          HANDLE hThread,
);                             |          DWORD dwExitCode       |          LPDWORD lpExitCode
                               |  );                             |  );
```

在 Linux 中,调用 pthread_exit 函数便可以退出/中止当前线程,函数的参数是线程的退出码,通过函数 pthread_join 就可以获得线程的退出码。

(4)线程切换

在 Windows 中,通过函数 SwitchToThread 便可以从调度层面暂停当前线程的执行,切换至其他线程继续执行。在 Linux 中,对应的函数是 sched_yield。

```
BOOL WINAPI SwitchToThread();
```

(5)线程号获取

函数 GetThreadId 可以返回指定线程的线程号;函数 GetCurrentThread 用来返回当前线程的句柄;函数 GetCurrentThreadId 则可以获取当前线程的线程号。

```
DWORD WINAPI GetThreadId(HANDLE Thread);
HANDLE WINAPI GetCurrentThread();
DWORD WINAPI GetCurrentThreadId();
```

在 Linux 中,要获得指定线程的线程号,首先判断线程句柄,若是伪句柄(-2),则表明指定线程就是当前线程,调用 getpid 函数便可获得线程号,否则,读取线程句柄中存储的线程号。而要获得当前线程的句柄,直接返回伪句柄(-2)即可。

(6)获取/设置线程的优先级

在 Windows 中,使用函数 SetThreadPriority 来设置特定线程的优先级等级,使用函数 GetThreadPriority 来获得特定进程的优先级等级。

```
BOOL WINAPI SetThreadPriority(        |      int WINAPI GetThreadPriority(
          HANDLE hThread,             |             HANDLE hThread
          int nPriority               |      );
);                                    |
```

在 Linux 中,同样可以使用函数 setpriority 来设置或者修改普通线程的优先级层次,还可以使用函数 pthread_setschedparam() 来修改正在运行的线程的调度优先级。相反,同样可以使用 getpriority 函数来获取线程的优先级层次。

(7)线程休眠

函数 Sleep 用于让当前线程休眠指定时长,若时长设为 INFINITE,则线程永久休眠。在 Linux 中,可以采用 pthread_cond_timedwait 函数来实现同样功能,函数中设置有等待条件变量 cond,如果一直没有等待到条件变量 cond,当超时,就返回,如果等待到条件变量 cond,也返回。

```
VOID WINAPI Sleep(DWORD dwMilliSeconds);
```

(8)管道创建

函数 CreatePipe 用来创建一个指定读端(句柄)和写端(句柄)的无名管道。

在 Linux 中，可以使用函数 pipe 实现同样功能，pipe 参数中的两个文件描述符分别对应函数 CreatePipe 中的读端（句柄）和写端（句柄）。

```
BOOL WINAPI CreatePipe(
        PHANDLE hReadPipe,
        PHANDLE hWritePipe,
        LPSECURITY_ATTRIBUTES lpPipeAttributes,
        DWORD nSize
);
```

4.1.4 同步

4.1.4.1 互斥

(1)创建互斥

函数 CreateMutex 用于创建一个指定名称或无名的互斥对象，可以指定当前进程中的线程为该互斥对象的初始拥有者。函数返回一个互斥句柄，当前进程中的线程都可以使用它。

```
HANDLE WINAPI CreateMutex(
        LPSECURITY_ATTRIBUTES lpMutexAttributes,
        BOOL bInitialOwner,
        LPCTSTR lpName
);
```

Linux 中通过 pthread 库调用函数 pthread_mutex_init 来创建互斥。

(2)锁定互斥

在 Windows 中，函数 WaitForSingleObject 用于阻塞当前进程内对资源的独占访问的请求。该方法在资源还没有被锁定的时候，锁定资源；若资源已被锁定，则该方法会阻塞调用资源的线程，一直到资源被解除锁定。同样的功能，在 Linux，对应函数 pthread_mutex_lock。

```
DWORD WINAPI WaitForSingleObject(
        HANDLE hHandle,
        DWORD dwMilliseconds
);
```

(3)释放互斥

函数 ReleaseMutex 用来释放指定的互斥对象以释放对资源的独占访问。Linux 中使用函数 pthread_mutex_unlock 同样可以释放互斥。

```
BOOL WINAPI ReleaseMutex(HANDLE hMutex);
```

(4)销毁互斥

在前文中,介绍了函数 CloseHandle 是用来向操作系统声明结束对对象句柄的访问。这里,可以调用该函数来关闭函数 CreateMutex 所创建的句柄,以销毁互斥对象。在 Linux 中,函数 pthread_mutex_destroy 同样也用于销毁互斥对象,释放它可能持有的资源。

4.1.4.2　事件

(1)创建/打开事件

在 Windows 中,使用函数 CreateEvent 来创建一个指定名称或无名的事件对象,函数中的参数用来指定函数执行后返回的句柄是否具有被继承的属性,以及设置事件对象的初始状态为有信号状态。函数 OpenEvent 用来打开一个指定名称的事件对象,返回该事件对象的句柄。

```
HANDLE WINAPI CreateEvent(                                   |    HANDLE WINAPI OpenEvent(
        LPSECURITY_ATTRIBUTES lpEventAttributes,             |            DWORD dwDesiredAccess,
        BOOL bManualReset,                                   |            BOOL bInheritHandle,
        BOOL bInitialState,                                  |            LPCTSTR lpName
        LPCTSTR lpName                                       |    );
);                                                           |
```

在 Linux 中,POSIX 信号量虽然是计数器信号量,但是当该计数器被设置为 1 时,可以提供与 Windows 事件对象相类似的功能,且同样提供初始状态。因此可以调用函数 sem_init 来创建一个 POSIX 信号量,通过函数中的参数值来设置该信号量的初始状态。

另外,在 Linux 中,还可以使用函数 pthread_cond_init 来创建一个条件变量,然后使用函数 pthread_condattr_init 对与该条件变量关联在一起的属性进行初始化,最后使用函数 pthread_condattr_destroy 来销毁属性。条件变量在初始化时,可以通过函数 pthread_condattr_setpshared 来指定该条件变量是用于进程内的线程间同步,还是用于进程间同步。

在 Linux 中,函数 semget 可以用来打开某个信号量,实现与函数 OpenEvent 同样的功能。

(2)等待事件

事件对象操作中,同样可以使用函数 WaitForSingleObject 来阻塞线程/进程。在 Linux 中,POSIX 信号量使用函数 sem_wait(或 sem_trywait)来挂起调用线程,直到信号量的计数器变成非零的值为止。还可以使用 phread_cond_wait(或 phread_cond_timedwait)函数来阻塞线程。

(3)设置事件状态

函数 SetEvent 用来将事件对象的状态设置为有信号状态。在 Linux 中,可以调用函数 sem_post 来发出一个 POSIX 信号量来唤醒在该信号量上阻塞的所有线程,也可以调用 pthread_cond_signal 函数来唤醒在某个条件变量上等待的一个线程。

```
BOOL WINAPI SetEvent(HANDLE hEvent);
```

(4)销毁事件对象

在 Windows 中,同样使用函数 CloseHandle 来销毁事件对象,在 Linux 中,则可以通过调用函数 sem_destroy 或 pthread_cond_destroy 来销毁信号量对象或条件变量,以释放它们所持有的资源。

4.1.4.3　信号量

(1)创建信号量

在 Windows 中,信号量是一些计数器变量,用来允许有限个线程/进程访问共享资源,使用函数 CreateSemaphore 可以创建一个指定名称或无名的信号量,有名称的信号量用于进程之间的同步,无名的信号量则用于线程之间的同步。函数中的参数指定了信号量的初始值,执行后返回信号量的句柄。

```
HANDLE WINAPI CreateSemaphore(
        LPSECURITY_ATTRIBUTES lpSemaphoreAttributes,
        LONG lInitialCount,
        LONG lMaximumCount,
        LPCTSTR lpName
);
```

在 Linux 中,System V 信号量可用于进程之间的同步,而 POSIX 信号量则用于相同进程的不同线程之间,它们分别对应于 Windows 中的指定名称和无名的信号量。对于 System V 信号量,可以由函数 semget 来创建,而 POSIX 信号量的创建,则由函数 sem_init 来实现。

(2)获取信号量

在 Windows 中,等待函数提供了获取同步对象的机制,因此函数 WaitForSingleObject 又可以被用来获取信号量,具体来说,该函数使用一个信号量对象的句柄作为参数,在该信号量的状态没有变为有信号状态之前,会一直等待下去,直到超时为止。在 Linux 中,对于 POSIX 信号量,可以使用 sem_wait(或 sem_trywait)函数来获取对信号量的访问,该函数会挂起调用线程,直到信号量有一个非空计数为止;对于 System V 信号量,需要使用函数 semop 来获取信号量,该函数会执行操作集中指定的操作,并阻塞调用进程/线程,直到信号量为 0 或者更大为止。

(3)释放信号量

函数 ReleaseSemaphore 用来释放信号量。在 Linux 中,对于 POSIX 信号量,使用 sem_post 来释放信号量;对于 System V 信号量而言,则是调用函数 semop 来释放信号量。

```
BOOL WINAPI ReleaseSemaphore(
        HANDLE hSemaphore,
        LONG lReleaseCount,
        LPLONG lpPreviousCount
);
```

(4)销毁信号量

在 Windows 中,函数 CloseHandle 也可以用来销毁信号量,在 Linux 中,对于

POSIX 信号量，函数 sem_destroy 负责销毁信号量，以释放它所持有的资源。而对于 System V 信号量来说，则需要调用函数 semctl 中的 IPC_RMID 命令来实现同样的功能。

4.2　基于本体的系统调用间的映射模型

在上一节中，分析了与文件系统、内存管理、进程线程和同步有关的 78 个 Windows 中常用 API 到 Linux 中系统调用的映射。如图 16 所示，其中有 30 个 Windows API 可以在 Linux 中找到可以直接替换的系统调用，这里称之为一对一(1∶1)的直接映射关系；有 17 个 Windows API 虽然也能在 Linux 中找到与之实现功能相类似的系统调用，但是需要根据具体情况增加部分代码实现，下文中称这种映射关系为一对一(1∶1)的上下文相关映射关系；有 11 个 Windows API 需要多个 Linux 系统调用按一定顺序执行才能实现相同功能，即存在一对多(1∶n)的上下文相关映射关系；有 10 个 Windows API 在不同情况下存在不同的映射关系，称为混合映射关系；还有 10 个 Windows API 在 Linux 中没有找到相对应的实现，需要单独实现，也就是说无映射关系。接下来将分别对这 5 种映射关系进行本体建模。

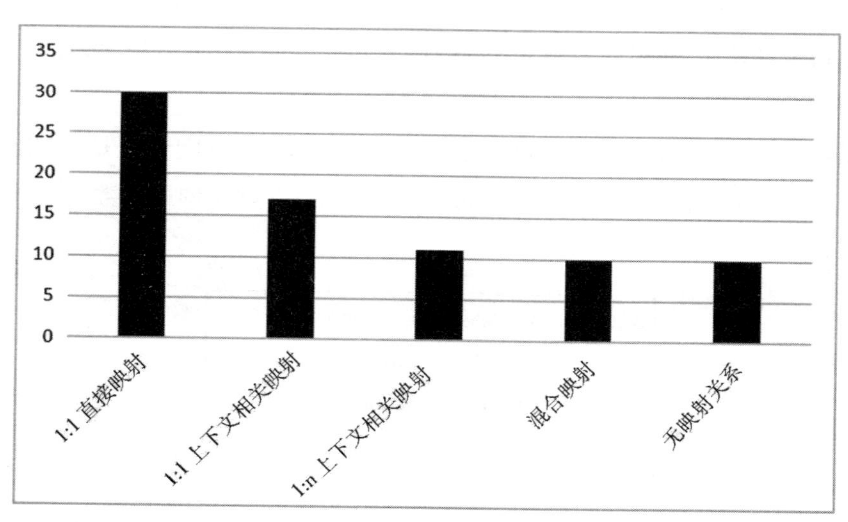

图 16　系统调用间映射关系的分类统计

从前文的分析中可以看出，在 Linux 中，与 Windows 中 API 相映射的系统调用接口是一个序列，这个序列中的函数可能为0，意味着不存在与之相对应的系统调用接口；可能为1，意味着存在1个与之相对应的接口；也可能为n，意味着存在n个与之对应的接口。在一对一映射的情况下，又可根据具体实现程度分为直接映射和上下文相关映射；而在一对n映射的情况下，就需要考虑与之相映射的函数序列中函数与函数之间的关系，可能是顺序关系，也可能是条件关系。

如下给出接口映射本体的形式化定义。

定义16　（接口映射本体APIMapping_Onto）APIMapping_Onto = （onto_Info, concepts, relations, condition, {Σ}, axioms），其中：

（1）onto_Info表示的是接口映射本体的基本信息，包括名称、创建者、创建时间等元数据信息；

（2）concepts表示的接口的集合；

（3）relations表示的是concepts中的接口与Σ的关系的集合，包括五种基本的映射关系；

（4）condition为条件判断；

（5）{Σ}是与concepts中的接口相映射的函数序列集合，集合的函数序列的个数至少为1，其中函数序列可以表示为Σ=（concepts, relations）；

（6）axioms表示的是接口映射本体中存在的公理集合。

4.2.1　系统调用1:1直接映射关系建模

一对一直接映射关系指的是对于Windows API a而言，在Linux中有一系统调用b函数，b的语义范围大于等于a的语义范围。因此a所能实现的功能，b也可以实现，如图17所示。

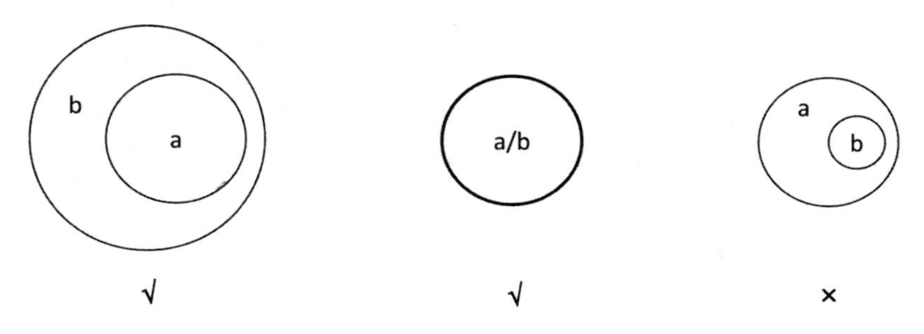

图17　函数b的语义范围大于等于函数a的语义范围

定义17　（1:1直接映射injection）对于函数f_1，有函数f_2的语义范围大于或

等于 f_1 的语义范围，即函数 f_2 可以完全实现函数 f_1 的功能，称函数 f_1 与函数 f_2 之间存在 1∶1 直接映射关系，记作 injection(f_1，f_2)。

以 Windows API GetCurrentProcessId 为例，该函数被用来获得当前进程的进程号，在 Linux 的系统调用中，函数 getpid 实现了与之相同的功能，并且两个函数均没有输入参数，在移植中可以进行直接映射，因此这两个函数之间的映射关系可以形式化表示为 injection(GetCurrentProcessId, getpid)。

```
            Windows API                              Linux系统调用
DWORD WINAPI GetCurrentProcessId()   <----->   getpid()
```

4.2.2　系统调用 1∶1 上下文相关映射关系建模

一对一上下文相关映射关系指的是对于 Windows API a 而言，在 Linux 中有一系统调用 b 函数，b 的语义范围与 a 的语义范围虽然不重合但是存在交集。因此 a 所能实现的功能，b 只能部分实现，而 b 不能实现的那部分 a 的功能，需要根据实际情况另行编码实现，如图 18 所示。

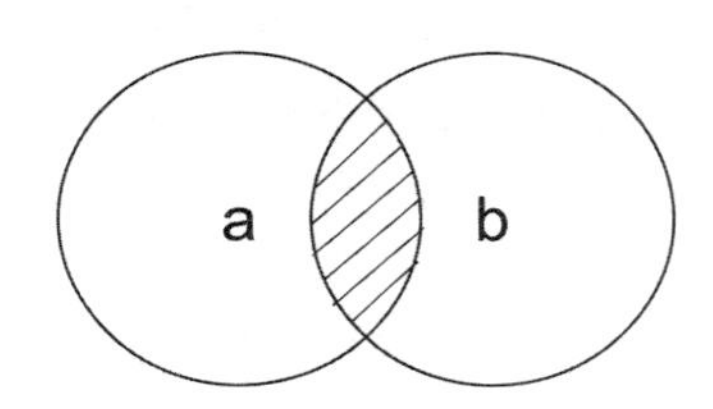

图 18　函数 b 的语义范围与函数 a 的语义范围相交

定义 18　(1∶1 上下文相关映射 contextjection) 对于函数 f_1，存在与其在语义上最为接近的函数 f_2，然而函数 f_2 的语义范围与 f_1 的语义范围只有部分相交，即函数 f_2 只能部分实现函数 f_1 的功能，函数 f_1 的其他功能需补充实现，称函数 f_1 与函数 f_2 之间存在 1∶1 上下文相关映射关系，记作 contextjection (f_1, f_2)。

例如，Windows API GetProcessId 的功能是获取给定进程的进程号，Linux 中的 getpid 函数用来获取当前调用进程的进程号。

```
DWORD WINAPI GetProcessId(HANDLE Process)    ----->   if (Process==(HANDLE)-1){
                                                               return getpid();
                                                      }else{
                                                               f=fdopen((int)Process,"r");
                                                               rewind(f);
                                                                 if (fscanf(f,"%d %d",&pid,&a)<2)
                                                                 return 0;                    //Read the handle file
                                                                 if (!(a&PROCESS_QUERY_INFORMATION))
                                                                 return 0;                    //Access Denied
                                                                 return pid;
                                                                 }
```

在进行代码移植时，首先需要对给定进程进行判断，即判断函数的输入参数是否是伪句柄（-1），若是，意味着指定进程就是当前调用进程，则调用函数 getpid 即可获得进程号；若给定进程不是当前调用进程时，需要读取进程句柄中存储的进程号，这部分功能没有对应的系统调用，是需要另行补充编码实现的。

因此，Windows API GetProcessId 与 Linux 系统调用 getpid 之间的关系就可以形式化表示为 contextjection(GetProcessId, getpid)。

4.2.3　系统调用 1∶n 上下文相关映射关系建模

一对多上下文相关映射指的是对于 Windows API a 而言，在 Linux 中有两个或两个以上的系统调用 b_1、b_2、...、b_n函数，函数 b_1、b_2、...、b_n中任意两个函数之间没有语义的交集，但是函数 b_1、b_2、...、b_n的语义并集能最大可能地覆盖 a 的语义范围，即与 a 的语义范围存在最大的交集。因此函数 b_1、b_2、...、b_n按一定次序执行便能实现函数 a 的大部分功能，尽管如此，在具体的移植过程中，仍然不免需要根据实际情况来增加部分编码实现，如图 19 所示。

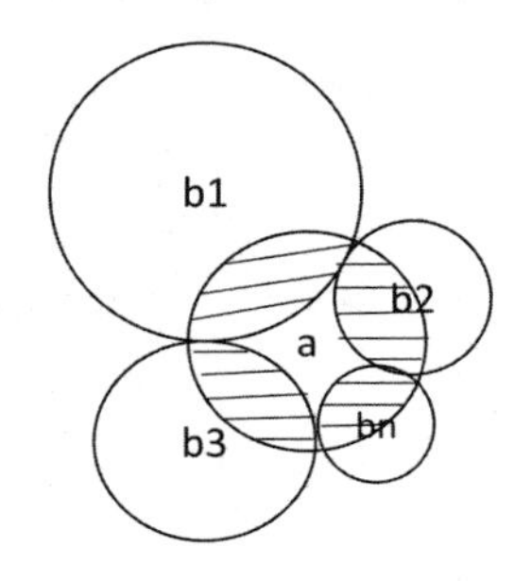

图 19　函数 b_1、b_2...b_n的语义范围与函数 a 的语义范围相交

定义 19　对于函数序列 Σ，若函数 f 是序列中第一个执行的函数，则用二元关系 startExe(Σ, f)来表示函数 f 与函数序列 Σ 的关系。

定义 20　对于函数序列 Σ，若函数 f 是序列中最后一个执行的函数，则用二元关系 finalExe(Σ, f)来表示函数 f 与函数序列 Σ 的关系。

定义 21　对于函数 f_1，若函数 f_2的执行紧跟于函数 f_1的执行之后，则用二元关系 nextExe(f_1, f_2)来表示函数 f_1与函数 f_2之间的执行先后次序关系。

定义 22　(1:n 上下文相关映射)对于函数 f_1，存在函数序列 Σ，函数 f_{21}、f_{22}、...、f_{2n}都属于该函数序列，即有 $f_{2i} \in \Sigma, i \in [1,n]$；若用 $\Upsilon(a)$表示函数 a 的语义范围，则函数序列 Σ 中的任意两个函数没有语义上的交集，可以表示为 $\Upsilon(f_{2i}) \cap \Upsilon(f_{2j}) = \varnothing, i,j \in [1,n]$；若函数序列 Σ 中的所有函数的语义范围的并集与函数 f_1的语义范围存在最大可能的交集，且函数序列 Σ 中的函数有一定的先后执行顺序，假设函数序列 Σ 中函数的执行顺序为：$f_{21} \rightarrow f_{22} \rightarrow ... \rightarrow f_{2n}$，则函数 f_1与函数序列 Σ 之间的上下文相关映射关系可以表示为：

```
contextjection(f1,Σ);
startExe(Σ, f21);
nextExe(f21, f22);  … ;  nextExe(f2(n-1), f2n) ;
finalExe(Σ, f2n);
```

在 Windows 中，API CreateProcess 用来创建一个新的进程。在 Linux 中，没有与此函数唯一对应的函数，但是可以通过 Linux 中的函数 fork 来创建一个具有新的 PID 的子进程，然后使用 setpgid 函数切换到新的 PID，最后使用 exec 函数将现有进程改变为将要执行的进程。

```
CreateProcess( NULL,
        "SomeProcess",
        NULL,                              int rc = fork();
        NULL,                              if(rc == 0){
        FALSE,              ----->             setpgid(0,0);
        0,                                     ret = execv(PathName, Argptr);
        NULL,                              }
        NULL,
        &si,
        &pi )
```

在对应的 Linux 代码中，由函数 fork、setpgid、execv 组成的函数序列 Σ 中实现了 Windows API CreateProcess 的功能，在程序中，它们的调用次序是 fork→setpgid→execv。那么它们之间的映射关系可以形式化表示为：

```
contextjection(CreateProcess, Σ);
startExe(Σ, fork);
nextExe(fork, setpgid);  nextExe(setpgid, execv) ;
finalExe(Σ, execv);
```

4.2.4　系统调用的混合映射关系建模

混合映射关系指的是对于 Windows API a 而言，它的对应实现不唯一，需视具体情况而定，不同情况下，与对应实现之间的映射关系也不尽相同，可以是前三种映射关系中的任何一种，也可以是前三种映射关系中两种或三种关系的组合。

定义 23　对于函数序列 Σ，若函数 f 属于函数序列 Σ，即 $f \in \Sigma$，则用二元关系 contain(Σ, f)来表示函数 f 与函数序列 Σ 之间的关系。

定义 24　对于函数序列 Σ，若函数序列 Σ′属于函数序列 Σ，即 $\Sigma' \subset \Sigma$，则同样用二元关系 contain(Σ，Σ′)来表示函数序列 Σ′与函数序列 Σ 之间的关系。

定义 25　（混合映射关系 mixedMapping）对于函数 f_1，有 n 种对应实现，组成函数序列 Σ，其中有 n_1 种对应实现是 1∶1 直接映射关系（$f_i \in \Sigma, i = 1 \cdots n_1$）；$n_2$ 种对应实现是 1∶1 上下文相关映射关系（$f_j \in \Sigma, j = 1 \cdots n_2$）；$n_3$ 种对应实现是 1∶n 上下文相关映射关系（$\Sigma'_k \subset \Sigma, k = 1 \cdots n_3$），即 $\Sigma = \bigcup_{i=1...n_1} f_i \cup \bigcup_{j=1...n_2} f_j \cup \bigcup_{k=1...n_3} \Sigma'_k$，其中 $n_1 + n_2 + n_3 = n$。函数序列 Σ'_k 中的函数有一定的先后执行顺序，假设函数序列 Σ'_k 中函数的执行顺序为：$f_{k1} \to f_{k2} \to ... \to f_{kn}$，则函数 f_1 与函数序列 Σ 之间的上下文相关映射关系可以表示为：

```
mixedMapping(f1, Σ);
contain(Σ, fi); contain(Σ, fj); contain(Σ, Σ'k);
injection(f1, fi);
contextjection(f1, fj);
contextjection(f1, Σ'k);
startExe(Σ'k, fk1);
nextExe(fk1, fk2);  ... ;  nextExe(fk(n-1), fkn) ;
finalExe(Σ'k, fkn);
```

以 Windows 中的 SetEvent 函数为例,该函数的功能是创建一个有名(named)或无名(un - named)的事件对象。有名事件对象是用来在进程之间进行同步,Linux 中的 System V 信号量实现了有名事件相同的功能;对于无名事件对象,Linux 中的 pthread 和 POSIX 都提供了相同功能。

如前文所述,若要创建一个 System V 信号量,首先需要调用函数 semget,然后再调用函数 semctl 来完成对信号量数据结构的初始化。类似的,若要创建一个条件变量,首先需要调用 phread 库中的函数 pthread_cond_init,然后再调用函数 pthread_condattr_init 来对其进行初始化。然而若要创建的是一个 POSIX 信号量,则只需要调用函数 sem_init 即可。

CreateEvent 函数执行后返回的是一个句柄,它有四个输入参数,其中 lpEventAttributes 是一个指针,它指向一个决定返回的这个句柄是否能够被继承的属性。如果该指针为 NULL,那么说明该句柄不能被继承。bManualReset 是一个标记,用来指定所创建的事件对象是手动复原还是自动复原。如果是 TRUE,那么必须用 ResetEvent 函数来手动将事件的状态复原到无信号状态。如果设置为 FALSE,当一个等待线程被释放以后,系统将会自动将事件状态复原为无信号状态。bInitialState 指定事件对象的初始状态。如果为 TRUE,初始状态为有信号状态;否则为无信号状态。lpName 是指向事件对象名的指针,若该值为 NULL,则将创建的是一个无名的事件对象。

```
HANDLE WINAPI CreateEvent(
            LPSECURITY_ATTRIBUTES lpEventAttributes,
            BOOL bManualReset,
            BOOL bInitialState,
            LPCTSTR lpName
)
```

接下来用 CreateEvent 函数来创建一个最简单的无名事件对象：

```
hEvent = CreateEvent(NULL, FALSE, FALSE, NULL);
```

则对应的 POSIX 信号量创建如下，其中 sem_init 函数的第三个参数是信号量计数值，用来设置信号量的初始状态，这里取值为 0，意味着该信号量被初始化为无信号状态。

```
int retCode = sem_init(sem, 0, 0);
```

对应于创建条件变量的等效代码如下：

```
pthread_condattr_t cond_attr;
pthread_condattr_init(&cond_attr);
pthread_condattr_setpshared(&cond_attr, PTHREAD_PROCESS_SHARED);
int ret = pthread_cond_init(&m_cond, &cond_attr);
pthread_condattr_destroy(&cond_attr);
```

同样，对于 Windows 创建的有名对象，也有对应的 Linux 等效代码。例如再通过 CreateEvent 函数来创建一个最简单的有名事件对象，它与之前创建无名事件对象的区别在于，前者的最后一个参数为 NULL，而后者的最后一个参数赋值为“myEvent”。

```
hEvent = CreateEvent(NULL, FALSE, FALSE, "myEvent");
```

对应的创建 System V 信号量的等效代码如下：

```
key = ftok();
int semid = semget(key, 1, 0666 | IPC_CREAT );
semctl_arg.val = 0;
semctl(semid, 0, SETVAL, semctl_arg);
```

从分析中可以看出，SetEvent 函数有三个对应实现，其中一个 1∶1 直接映射关系，两个 1∶n 上下文相关映射关系，因此其对应实现的函数序列 $\Sigma = \{sem\_init, \Sigma_1, \Sigma_2\}$，其中函数序列 Σ_1 中函数的执行次序为 pthread_condattr_init→pthread_condattr_setpshared →pthread_cond_init→pthread_condattr_destroy；函数序列 Σ_2 中函数的执行次序为 semget →semctl。根据定义 25，函数 SetEvent 与其的对应实现之间的关系可以形式化表示为：

```
mixedMapping(CreateEvent, Σ);
contain(Σ, sem_init); contain(Σ, Σ1); contain(Σ, Σ2);
injection(SetEvent, sem_init);
contextjection(SetEvent, Σ1);
startExe(Σ1, pthread_condattr_init);
nextExe(pthread_condattr_init, pthread_condattr_setpshared);
nextExe(pthread_condattr_setpshared, pthread_cond_init) ;
nextExe(pthread_cond_init, pthread_condattr_destroy) ;
finalExe(Σ1, pthread_condattr_destroy);
contextjection(SetEvent, Σ2);
startExe(Σ2, semget);
nextExe(semget, semctl);
finalExe(Σ2, semctl);
```

4.2.5　系统调用的无映射关系建模

无映射关系指的是对于 Windows API a 而言，在另一个异构操作系统中找不到与之对应的实现。

定义 26　（无映射关系 noMapping）若对于函数 f_1，不存在与之对应的实现，则用 noMapping(f_1)来表示。

例如，在 Windows 中，函数 GetCurrentProcess 可以用来获得当前进程，它返回的是一个相当于当前进程句柄标示的伪句柄，值为 FFFFFFFF。在 Linux 中，直接返回 -1 即可。因此函数 GetCurrentProcess 在 Linux 中是没有与之对应的实现，根据定义可以用 noMapping(GetCurrentProcess)来表示这一关系。

4.3　系统调用映射应用实例

在对源代码中所使用的系统调用进行标注后,接下来就要将它们替换成目标平台上操作系统所支持的系统调用,这样目标平台才能很好地支持系统的运行。前文中定义的映射模型对异构平台上系统调用之间的映射关系进行了形式化的描述,在代码中定位的系统调用在映射模型中,可以快速地找到目标平台上与其相对应的系统调用序列,这些序列中,有的可以直接替换,有的则需要根据上下文语义添加缺失的逻辑,虽然仍然需要程序员修改代码,但是给出的系统调用替换序列不仅可以为程序员节省查询的时间,还可以为程序员提供清晰的逻辑思路。系统移植中的源代码移植由两部分组成,一部分是对源代码中所使用的系统调用进行标注,第三章中给出了基于本体接口模型的系统调用自动标注系统的基本框架图;另一部分是对标注出来的系统调用进行映射,映射系统(简称为 OntoAPI-Trans)的基本框架如图 20 所示。

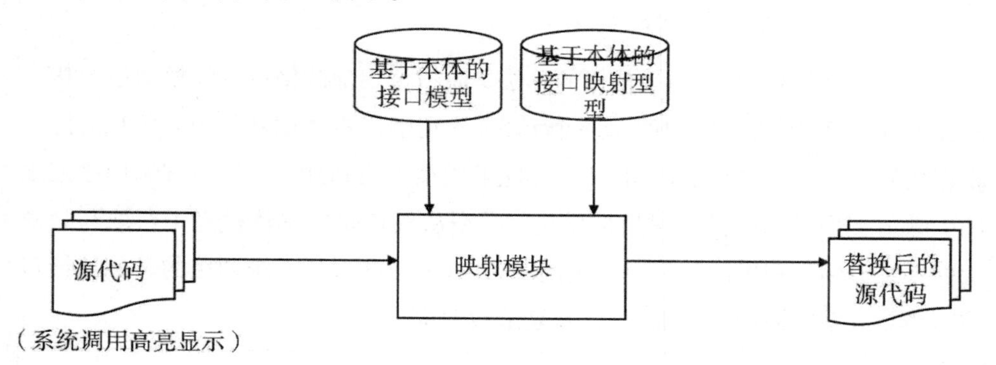

图 20　基于本体的系统调用映射系统的基本框架图

4.3.1　基于本体的接口映射模型示例

从基本框架图中可以看出,基于本体的接口映射模型需要和基于本体的接口模型共同使用。这是因为接口映射模型中只描述了函数与函数之间的映射关系,而没有描述函数自身的属性,而在接口的静态模型中对函数自身的信息进行了详细的建模。

例如,文件系统中的函数 GetCurrentDirectory,用来获取当前进程的目录位置,在 Linux 中与之映射的是函数 getcwd,它们可以一对一直接映射。在接口映射模型中,二者的映射关系是通过二元关系 injection(GetCurrentDirectory, getcwd)来定义的。而函数 getcwd 的输入参数、参数类型以及返回值类型都是在接口模型中描述的。

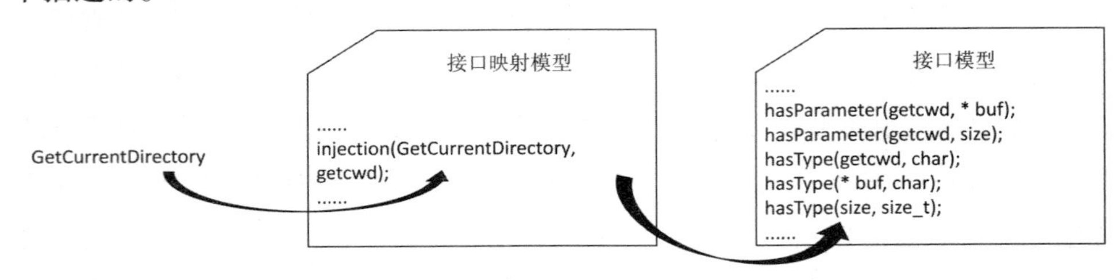

图 21　函数 GetCurrentDirectory 与函数 getcwd 之间的映射

如图 21 所示,由接口映射模型可以得到函数 GetCurrentDirectory 在目标平台上的对应实现函数 getcwd,而从接口模型中可以得到函数 getcwd 的具体信息,这样便可以复原函数 getcwd 的型构,程序员根据函数 getcwd 的型构,以及代码中函数 GetCurrentDirectory 的调用信息,便可以快速完成对此处代码的修改。

4.3.2　接口映射算法及实现

由此,可以给出映射模块使用的算法。映射模块加载接口本体模型以及接口映射本体模型,解析模型中的每一个元素,分别生成本体图状模型(第 1、2 行)。根据代码中定位到的系统调用,从本体映射模型中找到其与对应系统调用序列之间的映射类型(第 3 行)。最后根据映射类型从接口映射本体模型中获取与之对应的系统调用序列中的每一个系统调用,并根据所获取的系统调用的名称从接口模型中获取系统调用的详细信息,恢复函数型构。

接口映射算法:InterfaceMapping
Input : API_Onto, APIMapping_Onto, sourceCode
Output : newSourceCode

Begin
1loadOnto(API_Onto & APIMapping_Onto) ; //load ontology file
2　ao, amo < - createOntologyModel(API_Onto & APIMapping_Onto) ; //create the ontology model

```
3  String type = getMappingType(function_name, amo) ;//get mapping type from API-
Mapping_Onto
4  switch(type){ //get function detail from API_Onto
5      caseinjection : getFuntionInfo(function_name, ao) ; break ;
6      case contextjection : while(hasFunction) {
7                                getFuntionInfo(function_name, amo, ao) ;
8                            }
9                            Break ;
10     casemixedMapping : while(hasContain){
11                               if(injection ) {
12                                   getFuntionInfo(function_name, amo, ao) ;
13                               }else{
14                                   while(hasFunction){
15                                       getFuntionInfo(function_name, amo, ao) ;
16                                   }
17                               }
18                            }
19                            break ;
20     default :
21  }
End
```

图 22 给出的是算法的运行效果图,图中以灰色标注的是代码中使用的 Windows API,在每一个 Windows API 后,都给出了在 Linux 操作系统之上与之实现相同功能的函数序列,函数序列中的每一个函数都给出了完整的函数型构,并且函数按调用顺序排列。由于也加载了 Linux 系统调用的本体模型,因此编辑器同样也对其中出现的每一个 Linux 系统调用进行了着色标注。

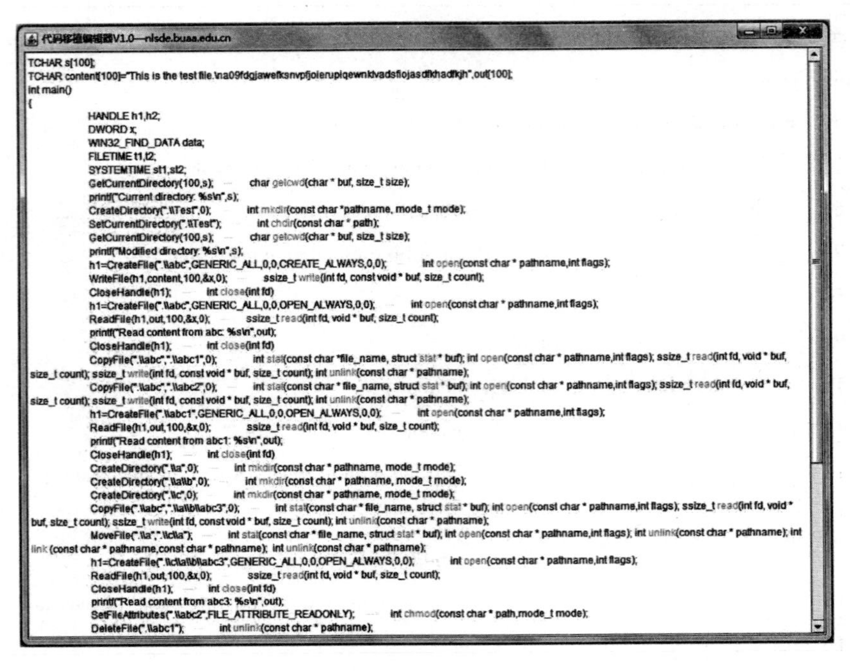

图 22　系统调用映射算法运行效果图

这种实现的缺点在于，若同一个系统调用在代码中多次出现，则会对它进行多次重复的映射，导致效率低下。另外这种方法仍然需要程序员补充大量的代码，因为这里仅仅给出的是对应系统调用序列的函数型构，并没有给出对应的具体实现。即便是最简单的一对一的直接映射，若要将所有可能出现的情况都考虑到的话，也不是简单替换就能做到的。

仍以函数 GetCurrentDirectory 为例，Linux 中函数 getcwd 能实现与之相同的功能。但是二者还是略有差别，函数 getcwd 会将当前工作目录的绝对路径复制到参数 buf 所指的内存空间，但是若绝对路径的字符长度超过参数 size 的大小，则会返回 NULL，因此在修改代码时应当考虑内存空间不够大的情况。另外，操作系统支持的编码格式不同，在 Windows 中，API 同时支持 UNICODE 和 ANSI 两种编码格式，但是 Linux 中，要实现对 UNICODE 的支持，在对字符进行处理时，需要用函数 mbstowcs 来替换函数 strlen。最后还有必要考虑 Windows 中路径的格式与 Linux 中路径格式之间的细微差别。因此函数 GetCurrentDirectory 在 Linux 上的一个比较完整的实现应该如下所示。

```
char path[MAX_PATH];
if (!getcwd(path,MAX_PATH)) return 0;
#ifdef UNICODE
mbstowcs(lpBuffer,path,nBufferLength);
#else
strncpy(lpBuffer,path,nBufferLength);
#endif
UnChangePath(lpBuffer);
if (nBufferLength<strlen(path)+1) return strlen(path)+1;else return strlen(path);
```

4.3.3　改进的接口映射算法及实现

由于只是提供映射函数的函数型构，程序员仍然需要负担大量的代码工作量，而且系统调用函数在代码中可能多次被调用，每次都重复修改工作，显然是不合适的，因此在之前工作的基础上，增加了一个函数模板库，将每个系统调用在另一个平台上的对应实现制作成模板，以函数名命名统一保存至模板库中。因此，改进后的映射系统（简称为 OntoAPITransA）的基本框架较之前的框架增加了一个与文件夹交互的部分，如图 23 所示。

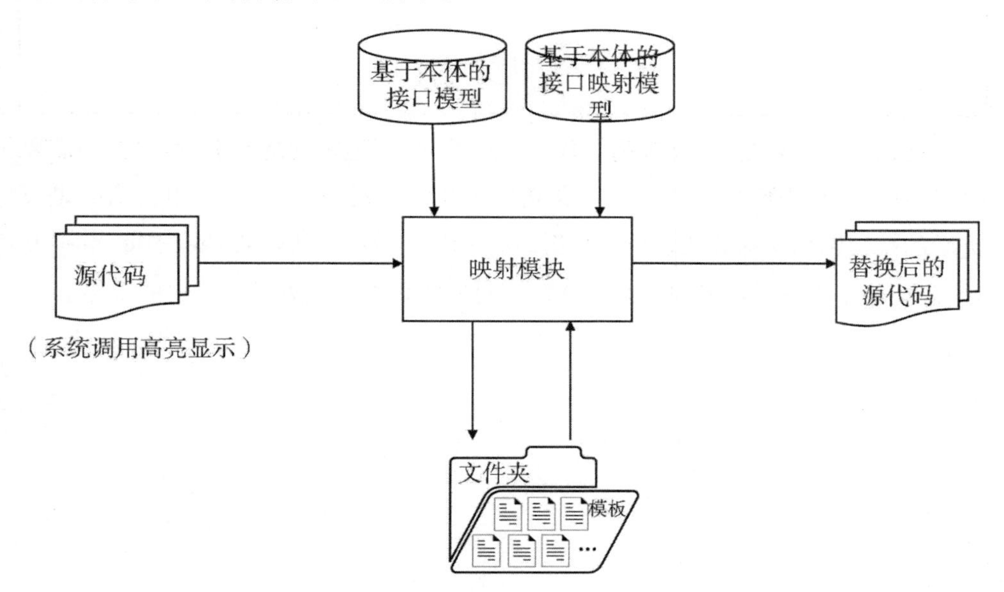

图 23　改进的基于本体的系统调用映射系统的基本框架图

工作流程也随之发生了变化，对于代码中定位到的系统调用，不再先从接口映射模型中获取映射类型和映射的系统调用序列，而是先判断该系统调用是否是首次在代码中出现（第2行），若是，根据系统调用函数的名称，在模块库中查找它的对应实现模板，然后将模板中的代码读出，添加至源代码的末尾（第3行）。若在模板中没有找到与之对应的实现模板，则采用之前的算法，从接口映射模型中获取映射类型和映射的系统调用序列，然后再从接口模型中逐个获取系统调用的详细信息，恢复函数型构，添加至被定位的系统调用所在行（第5行）。

改进的接口映射算法：InterfaceMappingA
Input : API_Onto, APIMapping_Onto, sourceCode
Output : newSourceCode

```
Begin
1   if (the first time appeared) {
2       if( getTemplate( funtion_name) ) {
3           sourceCode + getTemplate( funtion_name) ;
4       } else {
5           getFuntionInfo( function_name, amo, ao) ;
6       }
7   }
End
```

这么做的好处是，明显提高了代码移植的效率，理想的情况下，程序员不需要做代码修改，只需要检查编辑器中高亮显示处的代码即可。图24中给出的是改进后的系统调用映射算法运行效果图，从图中可以看出，从函数CreateDirectory开始，源代码中出现的所有Windows API的对应实现都添加到了源代码的末尾。

代码移植编辑器V1.0—nlsde.buaa.edu.cn

```
        CreateDirectory(".\\a\\b",0);
        CreateDirectory(".\\c",0);
        CopyFile(".\\abc",".\\a\\b\\abc3",0);
        MoveFile(".\\a",".\\c\\a");
        h1=CreateFile(".\\c\\a\\b\\abc3",GENERIC_ALL,0,0,OPEN_ALWAYS,0,0);
        ReadFile(h1,out,100,&x,0);
        CloseHandle(h1);
        printf("Read content from abc3: %s\n",out);
        SetFileAttributes(".\\abc2",FILE_ATTRIBUTE_READONLY);
        DeleteFile(".\\abc1");
        h2=FindFirstFile(".\\",&data);
        while (1)
        {
                FileTimeToLocalFileTime(&data.ftLastAccessTime,&t1);
                FileTimeToSystemTime(&t1,&st1);
                FileTimeToLocalFileTime(&data.ftLastWriteTime,&t2);
                FileTimeToSystemTime(&t2,&st2);
                printf("File Name: %s\nFile Attributes: %lu\nFile Size: %lu\nLast Access Time: %u.%u.%u %u:%u:%u\nLast Write Time: %u.%u.%u
%u:%u:%u\n",        data.cFileName,
                                data.dwFileAttributes,
                                data.nFileSizeLow,
                                st1.wYear,st1.wMonth,st1.wDay,st1.wHour,st1.wMinute,st1.wSecond,
                                st2.wYear,st2.wMonth,st2.wDay,st2.wHour,st2.wMinute,st2.wSecond);
                if (!FindNextFile(h2,&data)) break;
        }
}

BOOL WINAPI CreateDirectory(LPCTSTR lpPathName,LPSECURITY_ATTRIBUTES lpSecurityAttributes)
{
        char path[MAX_PATH];
        #ifdef UNICODE
        wcstombs(path,lpPathName,MAX_PATH);
        #else
        strcpy(path,lpPathName);
        #endif
        ChangePath(path);
        if (mkdir(path,S_IRWXU|S_IRGRP|S_IXGRP|S_IROTH|S_IXOTH)) return 0;
        return 1;
}

BOOL WINAPI SetCurrentDirectory(LPCTSTR lpPathName)
{
```

图 24　改进的系统调用映射算法运行效果图

编辑器中映射后的代码可以在几乎不修改的情况下运行于 Linux 平台上，图 25 给出的是映射后的代码在 Linux 上运行的输出显示。

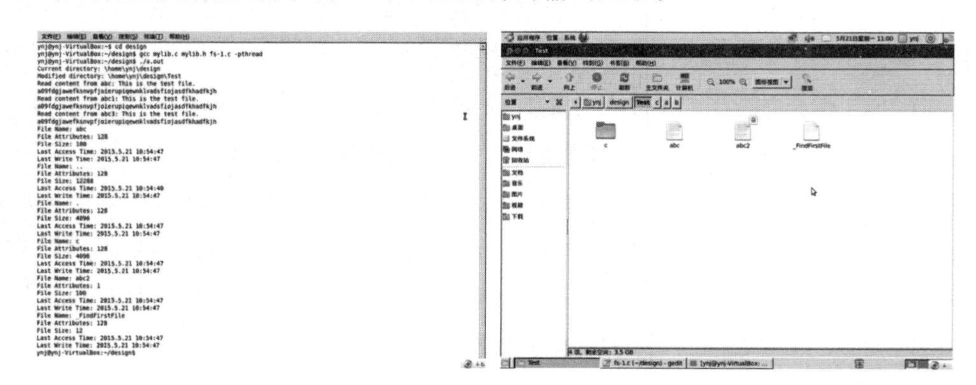

图 25　测试代码运行截图

从图中可以看出,代码不仅通过了编译,并正确执行了对当前工作路径的获取和修改操作,对文件的创建、打开、读写、复制、移动、属性设置、删除等操作的执行也都与预期相符。

4.3.4 与其他移植方法的比较

本章给出的移植方法是通过对源代码进行修改来达到应用软件跨平台移植的目的。

(1)与基于内核修改的软件移植技术的比较

相较于基于内核修改的软件移植技术而言,对源代码进行修改的适应性更好,且安全性更优。适应性更好是因为基于内核修改的软件移植技术只适用于通用开源的操作系统,不适合于闭源的商业化操作系统。例如 Windows 操作系统,由于它的代码是不公开的,因此对它的修改几乎是不可能的,同时由于它是一种商业化产品,在没有微软的许可下,这种做法也是不允许的。安全性上更优是因为,针对特定的应用软件移植对目标平台的操作系统内核进行修改后,难以保证不会影响到该操作系统上其他应用软件的正常运行,而修改待移植应用软件的源代码是不会影响到其他应用软件的运行;同时,对操作系统内核进行修改后,测试工作是繁杂的,不仅要测试操作系统内部各模块之间的交互,还要测试操作系统与外部应用软件及硬件等的交互。而对源代码的修改所要做的测试就相对简单许多,待移植的应用软件在移植前已经被测试过,对代码修改时,只需要对修改的部分进行测试,测试修改的部分与修改前是否功能一致,外部行为一致,以及测试目标平台是否能对修改后的代码提供支持。

(2)与基于中间层的移植技术的比较

相较于基于中间层的移植技术而言,虽然对源码的修改导致工作量增加了,但是移植后的应用软件不会受限于中间层的功能与性能,其中功能受限是因为应用软件的所能实现的功能只能是中间层所能支撑的功能的子集;性能受限是因为由于中间层的增加而导致对资源需求的增加,操作运行时间的延长,对应用软件运行时性能的影响取决于中间层本身性能的好坏。

(3)与基于代码重构的软件移植技术的比较

相较于基于代码重构的软件移植技术中的基于代码总体重构的方法而言,由于总体重构方法的本质是在目标平台采用新的工具依据待移植应用系统的逻辑重新开发,因此仅仅对源码中不兼容的地方进行修改的方法显然在工作量、复杂度、风险以及成本等各方面都要更占优势。

相较于基于代码重构的软件移植技术中的基于语言转换的方法而言,虽然有工具可以辅助转换的过程,但是修改源代码的方法在可控性上表现更好。这是因为语言转换后所得到的源代码的质量取决于转换工具的转换能力,转换后的源代码往往仍然需要再进行手工修改,还要重新进行彻底的测试。

相较于基于代码重构的软件移植技术中的基于源代码修改的方法而言,本章所给出的方法是对传统源代码修改方法的改进。本章所给出的方法,由于基于语义,因此在对源代码中需要修改部分的定位上更高效且更准确;由于提供了两种显示的修改的方案,因此对源代码的修改更为灵活;由于模型的通用性,因此本章所给出的移植方法并不局限于 Windows 平台和 Linux 平台,更具备普适性。

4.4　本章小结

将系统调用从源代码中标注出来是为了对它进行修改,使代码能被目标平台支持,这种修改需要做到修改前后代码功能等效、外部行为一致。如果采用手动修改,n 个程序员会有 n 种修改方式,修改后的代码质量往往取决于程序员对系统调用和平台差异性的熟悉程度,以及编码经验。这其中有太多的不确定性,而这些不确定性可能最终导致代码的可读性变差,在目标平台上无法运行等问题。

针对此,本章从分析 Windows 和 Linux 操作系统的差异性入手,通过对 78 个常用 Windows API 的分析,归纳总结出系统调用之间的五类接口映射关系,并给出了基于本体的异构操作系统间系统调用的映射模型。通过接口的本体模型与接口的映射模型,为系统调用接口的替换提供了两种显式的解决方案。实验证明,当为定位的系统调用提供目标平台上相对应的系统调用的函数型构序列时,可以为程序员提供清晰的逻辑思路,节省查询手册的时间;而在为定位的系统调用提供模拟实现时,在理想的情况下,可以实现程序员不对代码进行任何附加修改,代码还能在移植的目标平台顺利编译和执行。与基于内核修改的软件移植技术的比较,本章给出的方法在适应性和安全性上要更优;与基于中间层的移植技术的比较,本章给出的方法虽然工作量稍大,但是却可以使移植后的应用软件不用受限于中间层的功能与性能;与基于代码重构的软件移植技术的比较,本章给出的方法不仅在工作量、复杂度、风险以及成本等各方面更占优势，并且可控性更好，另外由于基于语义，因此在对源代码中需要修改部分的定位上，本章给出的方法更高效且更准确；由于提供了两种显示的修改的方案，因此本章给出的方法在对源代码的修改上显得更为灵活；由于模型的通用性，因此本章给出的移植方法并不局限于 Windows 平台和 Linux 平台，更具备普适性。

第五章　基于本体的异构数据库操作移植模型

应用软件的运行依赖支撑它的平台,包括硬件和操作系统,如果将平台比作人体的骨骼,那么应用软件就相当于骨骼上生长的肌肉。而对于一个人来说,仅仅有骨骼和肌肉是不够的,还需要流淌在人体上的血液,那么流转于应用软件中的数据就相当于血液。因此大部分应用软件中都有对数据库的操作。在移植过程中,有两种可能,一种是操作系统发生改变,数据库不变;另一种情况是操作系统发生改变,数据库也随之发生改变;相较于前者而言,后者由于异构数据库之间的差异性,会使得移植过程变得更为复杂,这便是本章要讨论的重点所在。

大部分应用系统都涉及数据处理操作,会与各种各样的数据库打交道。这些系统中并不是所有的应用系统都会使用类似 hibernate 的数据持久层,有的可能是系统在设计时就是针对特定数据库的,有的是因为权衡了内存消耗、效率等诸多因素后弃用持久层的。不论是哪种原因,代码中都会有对特定数据操作的编码实现,那么若是在移植过程中更换了数据库,就需要对这部分代码进行修改,而这种修改就需要保证修改前后功能等效、外部行为一致。

SQL Server 是 Microsoft 公司开发的大型关系型数据库系统,是运行于 Windows 操作系统之上的典型数据库系统。而在 Linux 操作系统上,最为常用的数据库系统是 MySQL,MySQL 是一个轻量级关系型数据库系统。SQL Server 与 MySQL 是典型的异构数据库系统。本章中,将以 SQL Server 和 MySQL 为例,分析两者的数据库在数据类型、函数、数据操作以及存储过程等方面的差异性,建立 SQL Server 和 MySQL 之间的映射关系,并在此基础上,建立异构数据库间的映射模型。

5.1　SQL Server 数据库到 MySQL 数据库的映射

5.1.1　数据类型之间的映射

数据库的数据类型是建表的重要基础,它包括数值类型、字符类型、二进制类型、日期类型以及其他类型等。由于不同的数据库系统提供的数据库数据类型的定义和限制有所不同,因此在数据移植过程中,首先要考虑数据库之间数据类型的映射关系,以保证数据在移植后的正确性和一致性。表 4 给出的是 SQL Server 和 MySQL 中数据库支持的常用数据类型以及它们的最大精度和范围。

表 4　SQL Server 和 MySQL 中数据库支持的常用数据类型与最大精度

SQL Server		MySQL	
类型名称	最大精度	类型名称	最大精度
数值类型			
tinyint	3	tinyint	3
0 ~ 255 整数数字		-128 ~ 127(有符号);0 ~ 255(无符号)	
smallint	5	smallint	5
-2^{15}(-32768) ~ 2^{15}(32767)的整型数字		-32768 ~ 32767(有符号);0 ~ 65535(无符号)	
/		mediumint	7
/		-8388608 ~ 8388607(有符号);0 ~ 16777215(无符号)	
/		integer	10
/		同 int	
int	10	int	10
-2^{31}(-2147483648) ~ $2^{31}-1$(-2147483647)的整型数字		-2147483648 ~ 2147483647(有符号);0 ~ 4294967295(无符号)	
bigint	19	bigint	19
-2^{63}(-922,337,203,685,477.5808) ~ $2^{63}-1$(922,337,203,685,477.5807)的整型数字		-2^{63} ~ $2^{63}-1$(有符号);0 ~ 18446744073709551615(无符号)	
smallmoney	10	/	

续表

-2^{31} (-2147483648) ~ 2^{31} -1 (-2147483647)		/	
money	19	/	
-2^{63} (-922,337,203,685,477.5808) ~ 2^{63} -1 (922,337,203,685,477.5807)的货币数据		/	
real	24	real	17
-3.04E+38 ~ 3.04E+38 可变精度的数字		同 double	
numeric	38	numeric	17
-10^{38} ~ 10^{38}定精度与有效位数数字		同 decimal	
decimal	38	decimal	17
-10^{38} ~ 10^{38}定精度与有效位数数字		未压缩(unpack)的浮点数字。不能无符号。	
float	53	float	10
-1.79E+308 ~ 1.79E+308 可变精度数字		一个小(单精密)浮点数字。不能无符号。-3.402823466E+38 ~ -1.175494351E-38,0 , 1.175494351E-38 ~ 3.402823466E+38	
/		double	17
/		一个正常大小(双精密)浮点数字。不能无符号。-1.7976931348623157E+308 ~ -2.2250738585072014E - 308, 0, 2.2250738585072014E - 308 ~ 1.7976931348623157E+308。	
字符类型			
/		set	64
/		集合	
nvarchar	4000	/	
变长 Unicode,最大长度为4000		/	
nchar	4000	/	

续表

定长 Unicode，最大长度为 4000		/	
char	8000	char	255
定长非 Unicode，最大长度为 8000		最大长度为 255 个字符，定长	
varchar	8000	varchar	255
变长非 Unicode，最大长度为 8000		最大长度为 255 个字符，变长	
/		long varchar	16777215
/		最大长度为 $2^{24}-1$(16777215)个字符，变长	
/		tinytext	255
/		最大长度为 $2^{8}-1$(255)	
ntext	1073741823	/	
变长 Unicode，最大长度为 $2^{31}-1$(2G)		/	
text	2147483647	text	65535
变长非 Unicode，最大长度为 $2^{31}-1$(2G)		最大长度为 65535 个字符的字符型数据	
/		mediumtext	16777215
/		最大长度为 $2^{24}-1$(16777215)	
/		longtext	2147483647
/		最大长度为 $2^{32}-1$(4294967295)	
/		enum	65535
/		枚举	
二进制类型			
/		tinyblob	255
/		最大长度为 $2^{8}-1$(255)的二进制数据	
varbinary	8000	varbinary	255
变长二进制数据，最大长度为 8000		变长二进制数据，最大长度为 255 个字节	
binary	8000	binary	255
定长二进制数据，最大长度为 8000		定长二进制字符串，最大长度为 255 个字节	
image	2147483647	/	
变长二进制数据，最大长度为 $2^{31}-1$(2G)		/	

续表

/	blob	65535	
/		最大长度为 $2^{16}-1$(65535)的二进制数据	
/		long varbinary	16777215
/		最大长度为 $2^{24}-1$(16777215)个字节,变长	
/		mediumblob	16777215
/		最大长度为 $2^{24}-1$(16777215)的二进制数据	
/		longblob	2147483647
/		最大长度为 $2^{32}-1$(4294967295)二进制数据	
日期时间类型			
/	date	10	
/		1000 年 01 月 01 日 ~9999 年 12 月 31 日	
/	time	8	
/		-838:59:59 ~838:59:59	
smalldatetime	16	/	
1900 年 1 月 1 日 ~2079 年 6 月 6 日		/	
datetime	23	datetime	19
1753 年 1 月 1 日 ~9999 年 12 日 31		1000-01-01 00:00:00 ~9999-12-31 23:59:59	
timestamp	8	timestamp	14
时间戳,一个数据库宽度的唯一数字		19700101000000 ~2037 年的某个时刻	
/		year	4
/		YEAR(4):1901 ~ 2155 YEAR(2):1970 ~2069	
其他类型			
bit	1	bit	1
0 或 1 的整型数字		同 tinyint(1)	
uniqueidentifier	36	/	
全球唯一标识符 GUID		/	
/	bool	1	
/		同 tinyint(1)	

从上表可以看出,SQL Server 的数据类型 tinyint、smallint、int、bigint 以及 bit 在 MySQL 有名称、定义以及精度一致的类型与之相对应。数据类型 real、numeric、decimal、float 在 MySQL 存在名称、定义相同,但是精度不一致的类型,由于在 MySQL 中,0 到 23 的精度值对应 float 类型的 4 字节精度,24 到 53 的精度对应 double 类型的 8 字节双精度,SQL Server 中的数据类型 real 可以映射到 MySQL 中的 float 类型,而数据类型 numeric、decimal、float 则可以映射到 MySQL 中的 double 类型。同理,可以为 SQL Server 中的其他数据类型在 MySQL 中都找到相映射的数据类型,如表 5 所示。

表 5　SQL Server 与 MySQL 中数据库常用数据类型的映射关系

SQL Server 类型名称	MySQL 类型名称	SQL Server 类型名称	MySQL 类型名称
数值类型		字符类型	
tinyint	tinyint	nvarchar	long varchar
smallint	smallint	nchar	long varchar
int	int	char	long varchar
bigint	bigint	varchar	long varchar
smallmoney	decimal	ntext	longtext
money	decimal	text	longtext
real	float	二进制类型	
numeric	double	varbinary	long varbinary
decimal	double	binary	long varbinary
float	double	image	longblob
日期时间类型		其他类型	
smalldatetime	datetime	bit	bit
datetime	datetime	uniqueidentifier	binary
timestamp	timestamp		

5.1.2　函数之间的映射

5.1.2.1　函数之间的 1:1 映射

SQL Server 中的大部分函数都能在 MySQL 中找到实现相同功能的函数。有的函数名称、功能、使用方法以及执行结果均相同,例如函数 cast 可用于转换类型,无论是在 SQL Server 中还是在 MySQL 中执行“select cast[39 as char(2)]”都能得到同样的结果;函数 substring 用来截取字符串,在 SQL Server 和 MySQL 中的使用没有区别。类似的函数还有 ASCII、LEFT、LOWER、LTRIM、REPLACE、REVERSE、RIGHT、RTRIM、SUBSTRING、UPPER、ABS、CEILING、EXP、FLOOR、LOG、PI、POWER、RAND、SIGN、SQRT、DATEDIFF 等。

然而还有一部分函数,虽然它们名称不一样,但是功能、使用方法以及执行结果却是相同的,例如,在 SQL Server 中执行“select round (12.89, 1)”,能对数值 12.89 进行末尾的四舍五入操作,返回的结果是 12.9,在 MySQL 中执行“select format (12.89, 1)”,能实现同样的功能,返回同样的结果;在 SQL Server 中执行“select getdate ( )”可以获取当前日期和时间,而在 MySQL 中要获得当前的日期和时间用的是函数 now( )。表 6 中给出的是部分名字不同、但是使用相同的函数。

表 6 SQL Server 与 MySQL 中部分名字不同但使用相同的函数

SQL Server 函数	MySQL 函数	函数功能
ISNULL	IFNULL	判空函数,用来判断参数对象是否为空
CONVERT	DATEFORMAT	日期时间函数,用不同的格式显示日期/时间
GETDATE	NOW	日期时间函数,用来获取当前的日期和时间
LEN	LENGTH	字符串函数,用来返回字符串中的字符个数
CHARINDEX	INSTR	返回字符串在另一个字符串中的起始位置
ROUND	FORMAT	数值函数,返回参数指定小数位四舍五入的值

5.1.2.2 函数之间的 1:n 映射

在 SQL Server 中,也有一些函数,在 MySQL 中不能找到与之直接对应的函数,但是可以根据语义由一个或若干个函数来组合处理。例如,SQL Server 中的 DATEADD 函数,它用来在日期中添加或减去指定的时间间隔。

```
DATEADD(datepart,number,date)
```

其中 datepart 是间隔数的单位,大到可以是年,小到可以是纳秒;date 参数是合法的日期表达式;number 是间隔数,若 number 为正数,则该函数是在日期中添加指定的时间间隔，若 number 为负数，则该函数是在日期中减去指定的时间间隔。

在 MySQL 中，对应于两个函数 DATE_ADD( ) 和 DATE_SUB( )，其中 DATE_ADD( ) 用来向日期添加指定的时间间隔，DATE_SUB( ) 用来向日期减少指定的时间间隔。

```
DATE_ADD(date,INTERVAL expr type)
DATE_SUB(date,INTERVAL expr type)
```

其中，参数 date 的含义与 DATEADD 函数中的 date 参数含义一样，都表示合法的日期表达式；expr 参数对应于 DATEADD 函数中的 number 参数，表示时间间隔；type 参数对应于 DATEADD 函数中的 datepart 参数。

在数据移植中，DATEADD 函数的转换，需要增加对 number 参数取值的判断，若 number 取值为正数，则映射为 DATE_ADD( ) 函数；若 number 取值为负数，则映射为 DATE_ SUB ( ) 函数。

5.1.2.3　函数之间无映射

异构数据库由于逻辑/物理组织和安全模型上的差异性，有些函数是数据库自身所特有的，无法在另一个数据库中找到与之相对应的函数。例如，SQL Server 中的 IDENTITY 函数。

```
IDENTITY(data_type[,seed,increment])
```

其中 data_type 表示的是数据类型，seed 是第一个赋值，increment 是连续行之间的增量。该函数在 MySQL 中找不到与之相对应的函数。

5.1.3　数据库操作之间的映射

5.1.3.1　数据定义之间的映射

数据定义主要定义数据库的逻辑结构，包括定义数据库、基本表、视图、索引，以及施加表之间的约束。

(1)创建、删除数据库

创建数据库	CREATE DATABASE database_name
删除数据库	DROP DATABASE database_name

在创建和删除数据库操作上,SQL Server 与 MySQL 是一致的。

(2)修改数据库

SQL Server 语法:

```
ALTER DATABASE database
{ADD FILE <filespec>[...n][TO FILEGROUP filegroup_name]
|ADD LOG FILE  <filespec>[...n]
|REMOVE FILE logical_file_name
|ADD FILEGROUP filegroup_name
|REMOVE FILEGROUP filegroup_name
|MODIFY FILE <filespec>
|MODIFY NAME = new_dbname
|MODIFY FILEGROUP filegroup_name{filegroup_property|NAME = new_filegroup_name}
|SET <optionspec>[....n][WITH <termination>]
|COLLATE <collation_name>
}
```

MySQL 语法:

```
ALTER{DATABASE|SCHEMA}[db_name]
    alter_specification...
ALTER{DATABASE|SCHEMA}db_name
    UPGRADE DATA DIRECTORY NAME
alter_specification:
    [DEFAULT]CHARACTER SET[ = ]char set_name
  |[DEFAULT]COLLATE[ = ]collation_name
```

从 ALTER DATABASE 的语法中可以看出,在 SQL Server 中,ALTER DATABASE 可以用来更改数据库名称,或在数据库中添加或删除文件和文件组,也可用于更改文件和文件组的属性。而 MySQL 中的 ALTER DATABASE 并不具备如此强大的功能,它用来修改数据库的全局属性,例如升级数据的数据字典、修改支持的字符集以及排序规则等。

(3)创建新表

```
CREATE TABLE table_name(column_name i data_type(size),....);
```

创建新表时,SQL Server 与 MySQL 的语法一样,但是在设置约束和设置主键自动增加上却有差别。数据库中有 5 种约束:主键约束(Primary Key Constraint)、外键约束(Foreign Key Constraint)、唯一性约束(Unique Constraint)、检查约束(Check Constraint)、默认约束(Default Constraint)。事实上,SQL Server 与 MySQL 只是创建约束的顺序不一样,如图 26 所示。

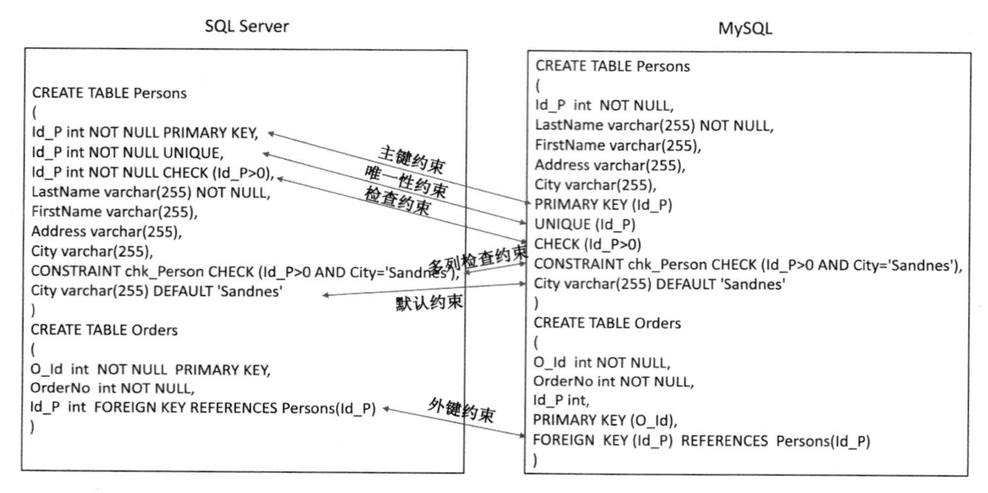

图 26　SQL Server 与 MySQL 创建约束的对比

如图所示,在 SQL Server 中,主键的声明紧跟在列定义之后,而在 MySQL 中,主键的声明则在所有列的定义之后,外键、唯一性以及检查约束的声明都是如此,两者存在先后顺序的区别。默认约束例外,不论是在 SQL Server 中,还是在 MySQL 中,都是在所有列的定义之后声明的。还有一个例外,是在需要命名检查约束,以及同时为多个列定义检查约束时,检查约束也是在所有列的定义之后声明的。

(4)更改数据库表

```
ALTER TABLE table_name[ALTER_SPECIFICATION....][PARTITION_OPTIONS]
```

SQL Server 与 MySQL 在更改数据库表时,语法是一致的。不同的在于,SQL Server 既不支持同时修改多列的数据类型,也不支持同时添加和修改多列,而这在 MySQL 中是允许的。

(5)删除数据库表

```
DROP TABLE table_name[....n]
```

在 SQL Server 和 MySQL 中,基本的删除数据库表的语法是一致的,但是如果在删除数据库表之前增加判断,判断要删除的表是否存在时,两者之间是有区别的。

在 SQL Server 中,判断一个数据库表是否存在并删除的语法是:

```
if exists(select * from table_name where(condition))
    drop table table_name
```

而在 MySQL 中,判断一个数据库表是否存在并删除的语法则要简单许多:

```
drop table if exists table_name
```

(6)创建、删除索引

```
CREATE INDEX index_name ON table_name(column_name)
```

CREATE INDEX 语句用于在表中创建索引。SQL Server 和 MySQL 在创建索引上是一致的,但是在删除索引方面却有区别:

SQL Server	MySQL
DROP INDEX table_name. index_name	ALTER TABLE table_name DROP INDEX index_name

(7)主键自动增加

主键自动增加,在 SQL Server 中使用的是 identity 字段,而在 MySQL 中则使用的是 auto_increment 字段。对它们进行声明后,在每次插入新纪录时,都会自动地创建主键字段的值,默认初始值为 1,每增加一条新记录就递增 1。如图 27 所示。

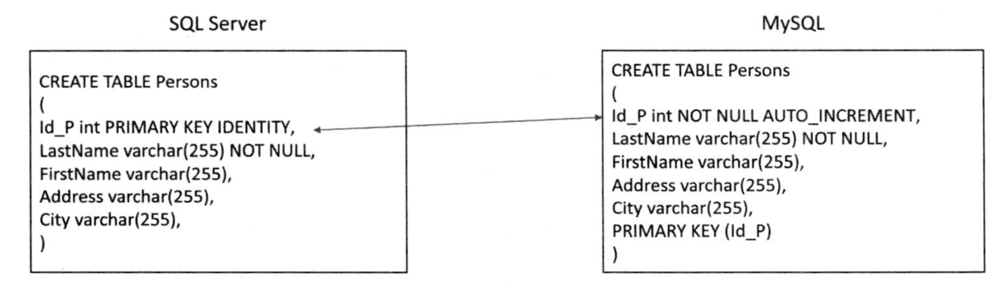

图 27　主键自动增加的声明

5.1.3.2 数据操作之间的映射

数据操作由数据查询和数据更新两大类操作组成,其中数据更新操作又包括插入、删除和更新三种操作。SQL Server 与 MySQL 在数据的增删改查(CRUD)这四个基本操作上所支持的 SQL 语法是相同的,仅存在一些细微差别,接下来将逐个进行分析对比。

(1)查询操作

SELECT 语法	SELECT column_name FROM table name

例如:要从名为"Persons"的数据库表中获取名为"LastName"和"FirstName"的列的内容,可以使用查询语句:

```
SELECT LastName,FirstName FROM Persons
```

该语句不仅可以在 SQL Server 上执行,也可以在 MySQL 上执行,得到的结果是一样的。

这个 SELECT 基本语句的后面可以带上"like + 通配符""where + 条件表达式""group by + 属性名""order by + 属性名"、关键字等等,这些在 SQL Server 和 MySQL 上都是适用的。

但是,有一点例外,SQL Server 中的 top 子句,MySQL 是不支持的,但是它有等价的子句可以实现同样的功能。

SQL Server	MySQL
SELECT TOP numberpercent column_name(s) FROM table_name	SELECT column_name(s)FROM table_name LIMIT number

例如,要从名为"Persons"的数据库表中获取前 5 条记录,SQL Server 中支持的查询语句是:

```
SELECT TOP5  *  FROM Persons
```

而 MySQL 中要实现同样功能,使用的查询语句是:

```
SELECT  *  FROM Persons LIMIT 5
```

(2)插入操作

INSERT 语法	INSERT INTO table_name(column1,column2,...)VALUES(value1,value2,....)

除了这条基本语法外，SQL Server 和 MySQL 还支持带 SELECT 的复杂插入操作：

```
INSERT INTO table_name 1(column_list 1)SELECT(column_list2)FROM table_name 2 WHERE (condition)
```

它用于将从表 2 中查询的所有满足条件表达式的列插入到表 1 中。

在插入操作上，SQL Server 与 MySQL 有一处微小的区别会影响到数据的移植。在 SQL Server 中，若建表时指定了“WITH (IGNORE_DUP_KEY = ON) ON [PRIMARY]”，这就意味着在该表上的任何重复值的插入，都会被忽略掉。在 MySQL 中，要忽略重复值不需要在建表时就做处理，只需要在“INSERT INTO”的中间插入关键字 IGNORE 即可达到同样的效果。

SQL Server 与 MySQL 在插入自增字段、唯一索引的 NULL 值重复上也有区别，由于不影响数据从 SQL Server 移植到 MySQL，因此在此不展开阐述。

(3)更新、删除操作

UPDATE 语法	UPDATE table_name SET column_name = new = value WHERE column_name – value
DELETE 语法	DELETE FROM table_name WHERE column_name = value

当要删除表中的所有记录时，可以使用语法“ DELETE FROM 表名称”或“ TRUNCATE FROM 表名称”。上述这些，在 SQL Server 和 MySQL 中没有区别。更新操作和删除操作较为简单，此处不再赘述。

5.1.3.3　数据控制之间的映射

数据控制是对用户访问数据的控制，包括基本表和视图的授权、完整性规则的描述，事务控制语句等。在数据控制上，SQL Server 与 MySQL 只有细微的区别，例如事务控制语句中的开始事务，在 SQL Server 中是 BEGIN TRANSACTION，而在 MySQL 中是 START TRANSACTION；提交事务语句，在 SQL Server 中是 COMMIT TRANSACTION，而在 MySQL 中仅仅只是 COMMIT。

5.1.4　存储过程之间的映射

存储过程是由一组完成特定功能的 SQL 语句以及一组定义代码遵循一定规则组成，经编译后存储在数据库中，在需要的时候，通过指定存储过程的名字并给定参数来调用执行，通常被用来实现一些常用或很复杂的工作。

对于存储过程，不同的数据库在语法构成上大致相同，但是仍会稍有区别，图28中分别给出了在SQL Server与MySQL中实现相同功能的一段存储过程的代码，通过对这两段代码的分析比较，来总结SQL Server与MySQL在存储过程上的区别。

SQL Server

```
CREATE PROCEDURE prcPageResult
@bitOrderType bit = 0,
AS
BEGIN
   DECLARE @strOrderType varchar(1000)
   DECLARE @strSql varchar(4000)
BEGIN
IF @bitOrderType = 1
BEGIN
  SET @strOrderType = ' ORDER BY '+@ascColumn+' DESC'
  SET @strSql = '<(SELECT min'
END
ELSE
BEGIN
  SET @strOrderType = ' ORDER BY '+@ascColumn+' ASC'
  SET @strSql = '>(SELECT max'
END
END
EXEC (@strSql)
END

GO
```

MySQL

```
delimiter $$
drop procedure if exists prc_page_result $$
create procedure prc_page_result (
in asc_field    int,
in pagesize     int
)
begin
  declare sSql  varchar(4000);
  declare sOrder varchar(1000);
  if asc_field = 1 then
    set sOrder = concat(' order by ', order_field, ' desc ');
    set sSql  = '<(select min';
  else
    set sOrder = concat(' order by ', order_field, ' asc ');
    set sSql  = '>(select max';
  end if;
  set @iPageSize = pagesize;
  set @sQuery = sSql;
  prepare stmt from @sQuery;
  execute stmt using @iPageSize;
end;
$$
delimiter;
```

图28　SQL Server与MySQL中实现相同功能的存储过程片段

（1）在SQL Server的存储过程中，在CREATE PROCEDURE过程名称后没有“( )”，而在MySQL中，存储过程名称后的“( )”是必需的，即便在没有一个参数的情况下，也是需要的。

（2）在SQL Server的存储过程中，每一个变量前都要加上符号“@”，而在MySQL中是分情况进行处理的，对于参数而言，是不需要在参数名称前加“@”的，但是需要用“in”“out”和“inout”来指定该参数是输入参数还是输出参数，例如in asc_field int，若不指定，则默认为输入参数，即“in”指定的情况。在MySQL的存储过程中，只有客户端变量前才需要加上“@”。

（3）在SQL Server的存储过程中，变量bitOrderType初始赋值为0，而在MySQL中，与之对应的变量asc_field是没有赋值的，这是因为MySQL存储过程中的参数是不允许指定默认值的。

（4）在SQL Server中，关键字“AS”意味着过程主体从此处开始，而在MySQL中，是不需要加上这一关键字的，过程主体从关键字“BEGIN”开始，在关键字

“END”前结束。

（5）在 SQL Server 中，也有关键字“BEGIN”和“END”，但是在 SQL Server 的存储过程中，关键字“BEGIN”相当于 C 语言中的“{”，表示的是语句块的开始。关键字“END”相当于 C 语言中的“}”，表示的是语句块的结束。在 MySQL 中，语句块“if... then... else”是用语句“end if;”来表示语句块的结束位置。

（6）在 SQL Server 的存储过程中，每条语句的末尾不需要任何标识，而在 MySQL 中，在每条语句的末尾都必须要加上分号“;”。

（7）在 SQL Server 的存储过程中，字符串相加可以直接使用“+”，例如，对变量 strOrderType 的赋值@ strOrderType = 'ORDER BY'+ @ ascColumn + 'DESC'，而在 MySQL 中，字符相加则需要使用函数 concat( )，例如，对于变量 strOrderType 相对应的变量 sOrder 的赋值始 sOrder = concat('order by', order_field, 'desc')。

（8）在 SQL Server 中，执行 SQL 语句，用的是关键词“exec”，MySQL 中，与之对应的是关键词“Execute”。

（9）在 SQL Server 中的“ Go”表示一个存储过程的结束，而在 MySQL 中使用关键词“delimiter”来设置结束符，例如示例中“delimiter $ $ ”意味着该存储过程的定义在符号“ $ $ ”处结束，存储过程定义完毕后还可以再使用关键词“delimiter”来重新设置结束符。

SQL Server 与 MySQL 在存储过程上的区别远不止这 9 处，这里仅针对图 28 中所给的示例分析了二者在存储过程方面存在的区别，由于区别的细节不是本书重点，限于篇幅，在此就不逐一列举了。

5.2　数据库操作的本体模型

5.2.1　SQL 语句中的 5W1H 要素

数据移植的核心在数据，从数据的角度来看，数据是最小的操作对象（who），它有其所属的类型（what）；以及在数据库中有其存放的位置（where），这个位置可以通过数据库、数据表、字段、行来定位；数据会在适当的时候（when）被定义、操作以及控制（how）；而对于特定的数据库，数据的定义、操作以及控制都需要遵循一定的规则，即 SQL 语法（why），如图 29 所示。

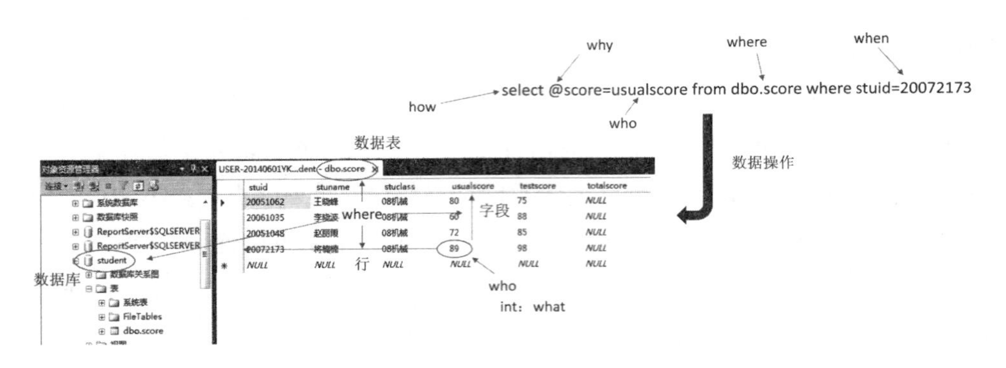

图 29　数据库中的“5W1H”

在数据的整个生命周期中，SQL 语言都贯穿始终。SQL 语言因其简洁、高效、更接近人类自然语言而被称为第四代语言（4GL）。当操作数据时，SQL 语句用来告诉系统要去做什么。5W1H 作为管理学中的一种分析方法，可以语义完备地对目标计划进行分解。因此 SQL 语句中的数据要素可以根据 5W1H 来进行组织。

（1）WHO：操作的目标对象，可以是数据、数据表、数据库、索引、存储过程等。

例如，创建数据库 Student 的 SQL 语句是“create database student”，在这条语句中数据库 Student 便是这条 SQL 语句的目标对象，对应于 5W1H 中的 WHO 要素。

图 29 中的 SQL 语句“select @ score = usualscore from dbo. score where stuid = 20072173”，它表示的意思是从表 dbo. score 中取出 stuid 为 20072173 的同学的 usualscore 数据，并将它赋值给变量 score，这里目标对象是 usualscore 字段中的一个数据。

（2）WHAT：目标对象的属性，它对应于二元组 <字段名称，数据类型>。

例如，图 29 中的第 4 行第 4 列的数值 “89”，WHAT 对应的是该数值所在字段的字段名称以及它所属的数据类型 <usualscore，int>。若目标对象是数据表，以图 29 中的表 dbo. score 为例，则此时 WHAT 对应的是一个由二元组组成的集合：{ <stuid，int>，<stuname，nvarchar>，<stuclass，nvarchar>，... }

（3）WHERE：目标对象所处的位置，可以是数据库，数据表，字段等。

例如，图 29 中，SQL 语句要查询的是位于表 dbo. score 中的 usualscore 数据，即目标对象位于表 dbo. score 中，这里与 WHERE 要素对应的是数据表。WHERE 要素还可以与字段相对应，SQL 语句“create index PersonIndex on Person（Last-

Name)”的执行会在 Person 表的 LastName 列创建一个名为“PersonIndex”的简单索引,此时目标对象 PersonIndex 所处的位置就是表 Person 中字段名为 LastName 的列。

(4)WHEN:目标对象需满足的条件,通常为表达式。

在图 29 中,取出的是字段名为 usualscore 的列中的某个数值,而该数值需要满足一个条件,即在该数值所在的行中,与字段名 stuid 对应的数值必须与某个指定的数值相等。也就是说,只有当该行中字段 stuid 的值满足某一条件时,才将该行的字段 usualscore 的值取出,因此成立的条件“stuid = 20072173”对应的就是 WHEN 要素。

(5)WHY:要素组合成 SQL 语句所需要遵循的规则。

图 29 所示的 SQL 语句中,有三条语法:首先,这是一条查询语句,需要遵循查询语句的语法规则“SELECT column_name1 FROM table_name WHERE column_name2 ops value”;其次,在查询语句的条件表达式中,ops 应为数据库支持的操作符;最后,在这条 SQL 语句中出现了变量 score,并在该变量前加上了符号“@”,这是 SQL Server 中的语法规则,不同的数据库,会有不同的规定。

(6)HOW:针对目标对象执行的操作,既包括 SQL 中用来满足对数据的各种访问的命令,也包括 SQL 中对数据进行处理的各种函数。

在 SQL 语句“select @ score = usualscore from dbo. score where stuid = 20072173”中,针对目标对象 usualscore 执行的是查询操作,因此这里与 HOW 要素对应的便是 select。

之所以要抽取语义要素,是因为虽然不同数据库支持的 SQL 语法有所不同,但是对于同一个数据库操作而言,尽管在不同数据库下表述方式不同,但是其中所包含的语义要素一定是相同的,如图 30 所示。

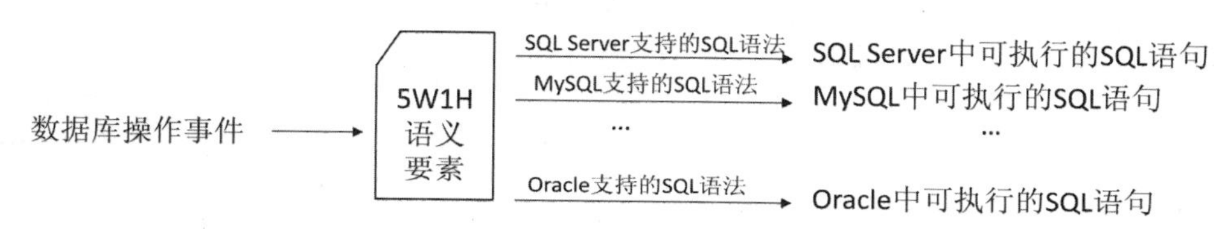

图 30 平台无关的 5W1H 语义要素

对数据库操作建模就是一个将 SQL 语句中语义与语法相分离的过程,剥离出来的语义信息是平台无关的,按照平台支持的语法组织后,就可以得到平台支持的操作语句。

5.2.2　SQL 语句的本体建模

上一节中，将 SQL 语句分解成 5W1H 六个不同的要素，而这六个要素又可以归为三大类：对象、关系和语法。因此，可以从三个方面对 SQL 语句进行本体建模：

定义 27（SQL 本体 SQL_Onto）SQL_Onto ＝ <Object, Relationship, Syntax>，其中：

（1）Object 为数据库中的对象类，包括字段、字段类型、数据表、数据库、索引、视图等，表示的是参与 SQL 操作的所有对象。

（2）Relationship 为对象与对象之间的关系，包括四种基本关系：属性关系（WHO－WHAT 关系）、空间关系（WHO－WHERE 关系）、条件关系（WHO－WHEN 关系）、使能关系（WHO－HOW 关系），如图 31 所示。

（3）Syntax 为要素 WHO、WHAT、WHERE、WHEN、HOW 组合成 SQL 语句所需要遵循的语法规则。

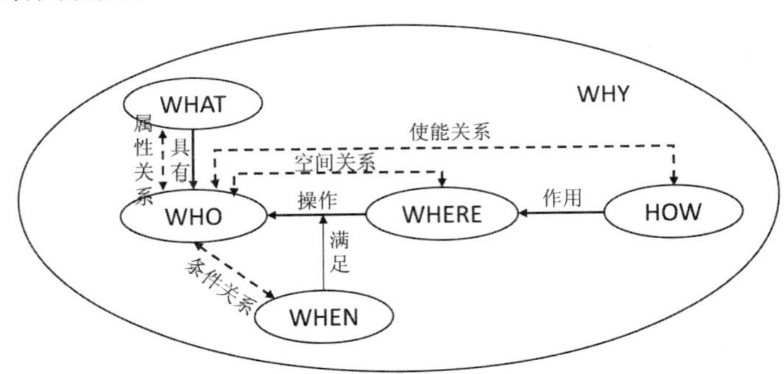

图 31　对象与对象之间的四种基本关系

在第三章中，定义 6 给出了概念与概念之间二元关系 R(x, y) 的定义，该定义同样适用于对象与对象之间二元关系的表示，即存在实体 x 属于对象 O_1，实体 y 属于对象 O_2，若 x 与 y 可以使二元函数 R 成立，则称 x 与 y 之间具有 R 关系，记作 R(x, y)。

（1）对象与对象之间的属性关系 hasfield(x, y)，hasDataType(x, y)，hasDataValue(x, y)... 等。

在图 29 的示例中，表 dbo. score 中有若干个字段，字段 stuid 是其中之一，它的数据类型是 int 型,而 20072173 是该字段中的一个值,那么 hasfield(dbo. score, stuid)表示的是 stuid 是表 dbo. score 中的一个字段;hasDataType(stuid, int)表示的是字段 stuid 的数据类型是 int 型;hasDataValue(stuid, 20072173)则表示的是 stuid 字段有一个数值为 20072173。

(2)对象与对象之间的空间关系 locate(x, y)... 等。

图 29 中,数据表 dbo. score 位于数据库 student 中,因此可以用 locate(student, dbo. score)来表示,同样,数据表 dbo. score 中的字段 stuid,可以用 locate(dbo. score, stuid)来表示,那么这与 hasfield(dbo. score, stuid)有什么区别呢? 区别在于 locate(dbo. score, stuid)表示要定位的是表 dbo. score 中的 stuid 字段,不是其他表中的,因为不同的表中可能有相同的字段,而 hasfield(dbo. score, stuid)仅仅只是表示表 dbo. score 中有字段 stuid,若表 dbo. detail 中也有字段 stuid,那么关系 hasfield(dbo. detail, stuid)也是成立的。

(3)对象与对象之间的条件关系 equal(x, y),notEqual(x, y),greaterthan(x, y),lessthan(x, y),like(x, y)... 等。

对于图 29 中的 SQL 语句"select @ score = usualscore from dbo. score where stuid = 20072173",其中"stuid = 20072173"为 SQL 语句查询 usualscore 时需要满足的条件,用二元关系可以表示为 equal(stuid, 20072173)。

(4)对象与对象之间的使能关系 select(x, y),insert(x, y),delete(x, y),update(x, y),sum(x, y),sub(x, y)... 等。

同样以 SQL 语句"select @ score = usualscore from dbo. score where stuid = 20072173"为例,如前文所述,该 SQL 语句是用来从表 dbo. score 中查询到满足条件的 usualscore,这一查询关系可以用 select(dbo. score, usualscore)来表示。

5.2.3　异构数据库间映射关系建模

根据前文的对比分析,异构数据库间的映射关系大致可以分为三类,一对一(1:1)的映射关系、一对多(1:n)的映射关系,以及无映射关系。映射关系类似于接口映射关系,同样这里也给出数据库操作的映射本体定义。

定义 28　(数据库操作的映射本体 DBOPs_Mapping_Onto) DBOPs_Mapping_Onto = (concepts, relations, condition, {Σ}, axioms),其中:

(1)concepts 表示的数据库操作中概念的集合,包括数据类型、函数、sql 语句、存储过程等。

（2）relations 表示的是 concepts 中的元素与 Σ 的关系的集合，包括三种基本的映射关系。

condition 为条件判断。

（4）{Σ} 是与 concepts 中的元素相映射的序列集合，集合中序列的个数至少为 1，序列可以表示为 Σ = (concepts, relations)

（5）axioms 表示的是数据库操作映射本体中存在的公理集合。

一对一（1∶1）的映射关系与无映射关系较为简单，二元函数 mapping(x, y) 可以用来表示 x 与 y 存在的 1∶1 映射关系，一元函数 noMapping(x) 则可以表示不存在与 x 相对应的映射。例如，SQL Server 中的 LEN 函数与 MySQL 中的 LENGTH 函数之间的映射关系就可以表示为 mapping(LEN, LENGTH)；而 SQL Server 中的 IDENTITY 函数，由于在 MySQL 中找不到与之对应的函数，因此可以表示为 noMapping(IDENTITY)。

一对多（1∶n）的映射关系要分三种情况讨论，如图 32 所示。

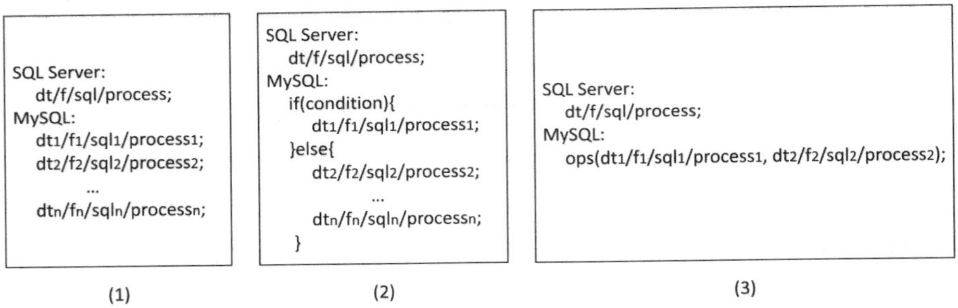

```
SQL Server:
    dt/f/sql/process;
MySQL:
    dt1/f1/sql1/process1;
    dt2/f2/sql2/process2;
        ...
    dtn/fn/sqln/processn;
```

(1)

```
SQL Server:
    dt/f/sql/process;
MySQL:
    if(condition){
        dt1/f1/sql1/process1;
    }else{
        dt2/f2/sql2/process2;
            ...
        dtn/fn/sqln/processn;
    }
```

(2)

```
SQL Server:
    dt/f/sql/process;
MySQL:
    ops(dt1/f1/sql1/process1, dt2/f2/sql2/process2);
```

(3)

图 32　一对多（1∶n）映射关系的三种情况

（1）简单的 1∶n 映射关系

这种情况如图 32 中（1）所示，SQL Server 中的某一个数据类型 dt/函数 f/数据库操作 sql/存储过程 process，在 MySQL 中等价于一组数据类型 $\{dt_1 ... dt_n\}$/函数 $\{f_1 ... f_n\}$/数据库操作 $\{sql_1 ... sql_n\}$/存储过程 $\{process_1 ... process_n\}$。这种映射的形式化描述可以参考第四章中的定义 22。

定义 29　若某一数据库中的一个数据类型 dt，或一个函数 f，或一个数据库操作 sql，或一个存储过程 process，在另一个数据库中对应于一组数据类型 $\{dt_1 ... dt_n\}$，或一组函数 $\{f_1 ... f_n\}$，或一组数据库操作 $\{sql_1 ... sql_n\}$，或一组存储

过程{$process_1$... $process_n$},记作集合Σ,那么它们之间的映射关系可以表示为:

```
jectionDB(dt/f/sql/process, Σ);
startSet(Σ, dt1/f1/sql1/process1);
nextSet (dt1/f1/sql1/process1, dt2/f2/sql2/process2); ... ; nextSet (dtn-1/fn-1/sqln-1/processn-1, dtn/fn/sqln/processn) ;
finalSet (Σ, dtn/fn/sqln/processn);
```

(2)1:n 映射关系 + IF... ELSE... THEN/SWITCH... CASE

如图 32 中(2)所示,SQL Server 中的某一个数据类型 dt/函数 f/数据库操作 sql/存储过程 process,在 MySQL 中,不同的情况下等价于不同的数据类型集合{dt_1... dt_n}/函数集合{f_1... f_n}/数据库操作集合{sql_1... sql_n}/存储过程集合{$process_1$... $process_n$},其中 n 可以为 1。

定义 30　若某一数据库中的一个数据类型 dt,或一个函数 f,或一个数据库操作 sql,或一个存储过程 process,在另一个数据库中,不同的情况(condition)下等价于不同的数据类型集合{dt_1... dt_n}/函数集合{f_1... f_n}/数据库操作集合{sql_1... sql_n}/存储过程集合{$process_1$... $process_n$},n 可以为 1,集合用 Σ 来表示,那么它们之间的映射关系可以表示为:

```
jectionDB_IF(dt/f/sql/process, condition);
case(condition, Σ);
startSet(Σ, dt1/f1/sql1/process1);
nextSet (dt1/f1/sql1/process1, dt2/f2/sql2/process2); ... ; nextSet (dtn-1/fn-1/sqln-1/processn-1, dtn/fn/sqln/processn) ;
finalSet (Σ, dtn/fn/sqln/processn);
```

例如,SQL Server 中的 DATEADD 函数,若其中 number 参数取值为正数,则映射为 MySQL 中的 DATE_ADD 函数;若 number 取值为负数,则映射为 MySQL 中的 DATE_ SUB 函数。这一映射关系可以表示为:

```
jectionDB_IF(DATEADD, number>=0);
jectionDB_IF(DATEADD, number<0);
case(number>=0, Σ);
startSet(Σ, DATE_ADD);
finalSet (Σ, DATE_ADD);
case(number<0, Σ);
startSet(Σ, DATE_SUB);
finalSet (Σ, DATE_SUB);
```

(3)1: n 映射关系 + OPS

如图 32 中(3)所示,SQL Server 中的某一个数据类型 dt/函数 f/数据库操作 sql/存储过程 process,在 MySQL 中,等价于某个运算操作作用下的 n 个数据类型 $dt_1...dt_n$/函数 $f_1...f_n$/数据库操作 $sql_1...sql_n$/存储过程 $process_1...process_n$。

例如,SQL Server 中的 DATADIFF 函数,它可以用来计算两个日期之间的间隔天数,在早期的 MySQL 中,需要用两个 TO_DAYS 函数相减才能得到两个日期之间的间隔天数。事实上,现在的 MySQL 中,也已经有了 DATADIFF 函数。这里仅以此为例讨论此情况下的形式化定义。

```
SQL Server:
SELECT DATEDIFF(day,'2015-09-13','2015-09-14')
结果: 1
```

```
MySQL:
SELECT To_Days("2015-09-14") - To_Days("2015-09-13");
结果: 1
```

定义 31　若某一数据库中的一个数据类型 dt,或一个函数 f,或一个数据库操作 sql,或一个存储过程 process,在另一个数据库中,等价于某个运算操作作用下的 n 个数据类型 $dt_1...dt_n$/函数 $f_1...f_n$/数据库操作 $sql_1...sql_n$/存储过程 $process_1...process_n$,那么它们之间的映射关系可以表示为:

```
jectionDB_OPS(dt/f/sql/process, ops);
ops(dt1/f1/sql1/process1, ops/dt2/f2/sql2/process2);
```

这样,SQL Server 中的 DATADIFF 函数与 MySQL 中的 TO_DAYS 函数之间的映射关系就可以表示为:

```
jectionDB_OPS(DATADIFF, SUB);
SUB(TO_DAYS, TO_DAYS);
```

5.3　数据库操作移植应用实例

5.3.1　基于本体的数据库操作模型示例

这里仍然以图 29 中的 SQL 语句为例,不过这里将稍作修改,去掉为变量的赋值操作,增加一个限制条件,虽然在为变量赋值上,SQL Server 与 MySQL 也存在细微的区别,但是不属于 SQL 语法的范畴,这里暂时不讨论。增加对获取结果个数的限制,因为在这一点上,SQL Server 与 MySQL 采用了不同的关键字,并且关键字在 SQL 语句中的位置也不同。

若要在 SQL Server 上查询数据表 dbo. score 中 stuid 为 20072173 的同学的 usualscore 字段的值,并取出前 3 条数据,则要使用到的 SQL 语句:"select top 3 usualscore from dbo. score where stuid = 20072173",接下来通过 5W1H 抽取其中的语义要素,如表 7 所示。

表 7 SQL 语句 5W1H 要素抽取

5W1H	内容
WHO	usualscore
WHAT	int
WHERE	dbo. score
WHEN	stuid = 20072173
HOW	select ; top 3
WHY	SELECTtop n column_name1 FROM table_name WHERE column_name2 ops value

根据 5W1H 方法提取出来的语义要素都可以用前文定义的二元关系来描述,例如 hasfield(dbo. score, usualscore),hasfield(dbo. score, stuid),hasDataType(usualscore, int),hasDataValue(stuid, 200721731),locate(dbo. score, usualscore),select(dbo. score, usualscore),top(usualscore, 3)。用本体语言 OWL 来描述,可以得到如下片段:

```
<Select rdf : ID = "usualscore">
    <locatedIn rdf : resource = "dbo.score" />
   <hasDataType rdf: resource = "int"/>
    <Restriction >
        <onField rdf : resource = "stuid">
            <hasValue rdf : resource = "20072173"/>
        </onField>
   </Restriction >
   <hasAction>
        <Action rdf : ID = "top">
            <hasValue rdf : resource = "3"/>
        </Action>
   </hasAction>
  <Syntax rdf : ID = "SELECT top n column_name1 FROM table_name WHERE column_name2 ops value"/>
</Select >
```

在 MySQL 中，关键词 limit 与 SQL Server 中的关键词 top 一对一映射，有关系 jection(top, limit)成立，对应的查询语法为“SELECT column_name1 FROM table_name WHERE column_name2 ops value LIMIT n”，因此有 jection(“SELECT top n column_name1 FROM table_name WHERE column_name2 ops value”，“SELECT column_name1 FROM table_name WHERE column_name2 ops value LIMIT n”)，映射后的 OWL 片段为：

```
<Select rdf : ID = "usualscore">
    <locatedIn rdf : resource = "score" />
   <hasDataType rdf: resource = "int"/>
    <Restriction >
        <onField rdf : resource = "stuid">
            <hasValue rdf : resource = "20072173"/>
        </onField>
   </Restriction >
   <hasAction>
        <Action rdf : ID = "limit">
            <hasValue rdf : resource = "3"/>
        </Action>
   </hasAction>
  <Syntax rdf : ID = "SELECT column_name1 FROM table_name WHERE column_name2 ops value LIMIT n"/>
</Select >
```

由此可以得到 MySQL 上执行同样操作的 SQL 语句“select usualscore from

score where stuid = 20072173 limit 3"。

5.3.2　数据库操作映射算法及实现

假设数据拟从数据库 db_1 移植到数据库 db_2 中,根据 db_1 上支持的 sql 语法,对每一个 sql 语法都构建了本体模型,保存在本体库 db_1_Onto 中;同样根据 db_2 上支持的 sql 语法,对每一个 sql 语法也构建了本体模型,保存在本体库 db_2_Onto 中,sql_db_1 为数据库 db_1 上的一个数据库操作,sql_db_2 为 sql_db_1 在数据库 db_2 上对应的 sql 语句。如下给出实现由 sql_db_1 生成 sql_db_2 的数据库操作映射算法。

数据库操作映射算法:SQLMapping
Input : db_1_Onto, db_2_Onto, Mapping_Onto, sql_db_1
Output : sql_db_2
Begin File owlfile_db_1 = getOntFile (sql_db_1 , db_1_Onto) ; String db_1_syntax = getSyntaxfordb_1(owlfile_db_1) ; File owlfile_sql_db_1 = replaceElement(sql_db_1 , owlfile_db_1) ; ArrayList < Mapping > m = getMappingList(db_1_syntax) ; String db_2_syntax = getSyntaxMapping(db_1_syntax, m) ; File owlfile_ sql_db_2 = ReplaceMapping(m, owlfile_sql_db_1) ; File owlfile_db_2 = getOntFile (owlfile_ sql_db_2 , db_2_Onto) ; String sql_db_2 = getsqlfordb_2(owlfile_ sql_db_2 , owlfile_db_2) ; End

由 sql_db_1 可以在本体库 db_1_Onto 中找到描述 sql_db_1 所遵循的 SQL 语法的本体文件 owlfile_db_1(第 1 行);从文件中可以直接获取 sql_db_1 的 SQL 语法 db_1_syntax(第 2 行);同时提取 sql_db_1 中的各项要素,并对本体文件 owlfile_db_1 中的相应要素进行替换,得到 sql_db_1 的本体文件 owlfile_sql_db_1(第 3 行);由 sql_db_1 的 SQL 语法在映射模型中可以找到与该语法有关的所有映射(第 4 行);从映射序列中找到语法的映射关系,得到数据库 db_2 上与 db_1_syntax 相对应的 sql 语法 db_2_syntax(第 5 行);根据映射替换 sql_db_1 的本体文件中的内容,生成 sql_db_1 在数据库 db_2 上的本体文件 owlfile_ sql_db_2(第 6 行);根据语法 db_2_syntax,在本体库 db_2_Onto 中找到 SQL 语法的本体文件 owlfile_db_2(第 7 行);最后根据 sql 语句的本

体文件 owlfile_ sql_db$_2$以及 sql 语法的本体文件得到数据库 db$_2$上支持的 sql 语句 sql_db$_2$(第 8 行)。

为了验证算法的有效性,设计了一个简单的测试用例,该测试用例由若干条 SQL Server 所支持的 sql 语句组成,完成创建数据库 equipment,创建数据表,创建索引以及插入数据等若干操作。由映射算法生成 MySQL 数据库所支持的 sql 语句组,在 MySQL 上正确执行,运行效果图如图 33 所示。

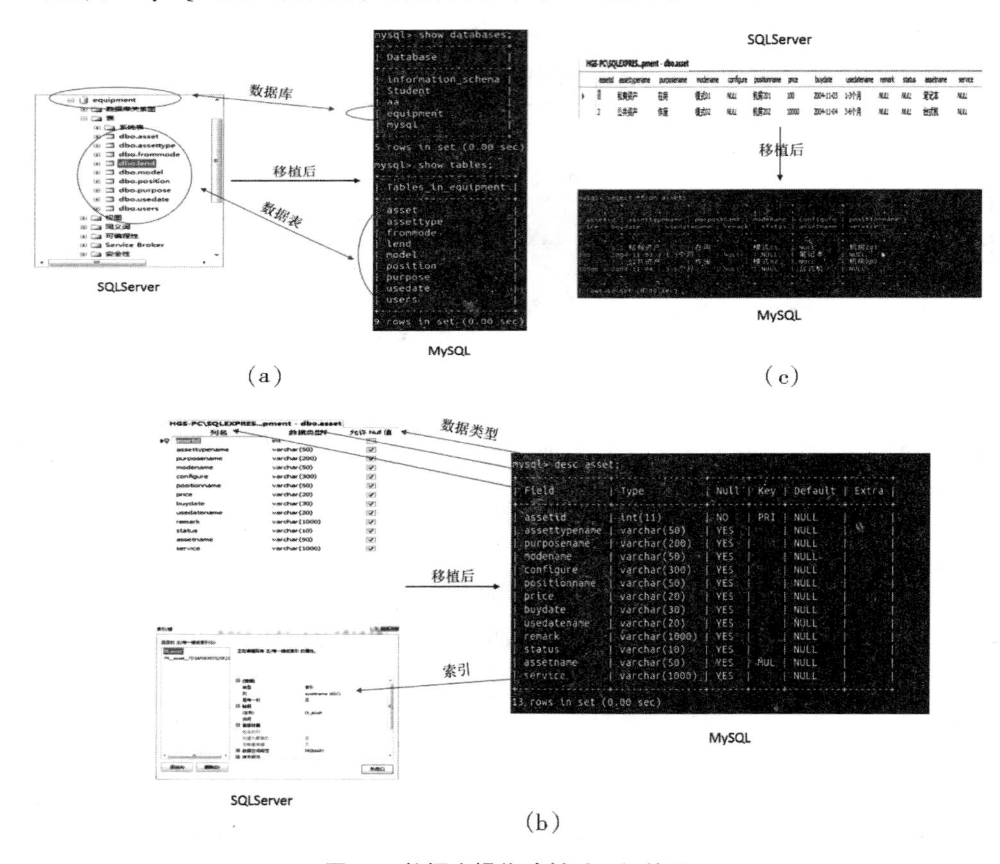

图 33　数据库操作映射后运行效果

图 33(a)中比对的是移植前后的数据库与数据表,图 33(b)中比对的是移植前后数据表中的数据类型以及索引,图 33(c)中比对的是移植前后数据表中的数据。从图中可以看出,SQL Server 所支持的 sql 语句组根据映射算法所生成的 sql 语句组,在 MySQL 上执行的结果,与映射前的 sql 语句组在 SQL Server 上执行的结果一致,能保证数据库操作移植后操作的正确性以及数据的完整性和一致性。

5.3.3　与数据持久层技术的比较

数据持久层的出现是为了屏蔽数据库的差异性，让数据库对上层应用而言是透明的，本章的方法是通过语法和语义的分离，按需生成特定数据库的操作语句。

（1）与基于数据访问对象模式 DAO 的持久层解决方案比较

相较于基于 DAO 的持久层解决方案而言，由于 DAO 模式从本质上来说，只是通过隐藏数据库操作的具体实现细节来实现持久层的，也就是说代码中对数据库操作的具体实现细节部分只是改变了位置，并没有消失，这样在需要从一个数据库移植到另一个数据库时，需要修改的代码不会发生变化。而本章给出的方法，能做到自动将一个数据库上的操作转换为另一个数据库上的操作。因此本章给出的方法能更快速实现对代码的修改，减轻程序员的工作量，这一优势会随着应用软件规模的增大而更加明显。

（2）与基于数据关系映射模式 ORM 的持久层解决方案比较

相较于基于 ORM 的持久层解决方案而言，由于分离了语法和语义，同一个语义与不同数据库系统所支持的语法相结合就能得到针对该数据库系统的操作语句，因此本章给出的方法同样具备通用性。然而本章给出的方法更为彻底且效率更高，这是因为语法和语义一次结合就能得到针对特定数据库的操作语句，而数据持久层需要每次都进行对象和关系的映射，正因为此，数据持久层会产生更多的内存消耗，并且会使得执行操作语句所需要的时间变得更长。另外，有的数据持久层技术虽然功能很强大，但是在利用某些数据库系统中的高级特性时是受限的，例如针对 Oracle 中的特有函数以及自定义函数，数据持久层 Hibernate 不仅要修改其配置文件，还需要修改其中的函数实现，而本章给出的方法不存在类似问题。

（3）与其他模式的持久层解决方案比较

相较于其他模式的持久层解决方案而言，本章给出的方法比 J2EE 框架中的 BMP（Bean－Managed Persistence，Bean 管理持久化）模式和 CMP（Container－Managed Persistence，容器管理持久化）模式更为轻量级和更为简单易操作，同时由于是对代码中的硬编码进行彻底替换，因此不会对数据访问效率带来额外的影响，也不会有更多的系统资源消耗，在数据操作出现错误时，可以清晰跟踪处理过程中数据操作的状态流转。

5.4 本章小结

大部分应用系统都涉及数据处理操作，会与各种各样的数据库打交道。这些系统中并不是所有的应用系统都会有类似 hibernate 的数据持久层。有的可能是系统在设计时就是针对特定数据库的，有的是因为权衡了内存消耗、效率等诸多因素后弃用持久层的。不论是哪种原因，这种情况下，代码中都会有对特定数据操作的编码实现，那么若是在移植过程中更换了数据库，就需要对这部分代码进行修改，同样这种修改也要保证功能等效、外部行为一致。

数据库操作的核心是 SQL 语句，SQL 语言是一种接近人类自然语言的结构化查询语言，对于在不同数据库上的同一操作，它们的 SQL 语句可能不同，但是它们执行的行为是一致的，也就是说它的语义是与平台无关的，当它的语义与不同数据库支持的 SQL 语法相结合，就生成了可以在不同数据库上执行的 SQL 语句。

本章以 SQL Server 和 MySQL 为例，分析两者在数据类型、函数、数据操作以及存储过程等方面的差异性，建立它们之间的映射关系，并在此基础上，给出了一种基于本体的异构数据库间的映射模型。并且引入 5W1H 方法，将 SQL 语句中的语义要素与语法分离，通过映射模型来替换 SQL 语句与平台相关的语法，以实现对 SQL 语句的修改。实验证明本章给出的方法可以保证同一个操作语义，与不同的数据库所支持的 SQL 语法结合后得到的数据库操作语句，功能等效，且外部行为和结果一致。与基于数据访问对象模式 DAO 的持久层解决方案比较，本章给出的方法能更快速实现对代码的修改，减轻程序员的工作量，这一优势会随着应用软件规模的增大而更加明显；与基于数据关系映射模式 ORM 的持久层解决方案比较，本章给出的方法更具备通用性，且更为彻底，执行效率更高，所需资源消耗更小；与其他模式的持久层解决方案比较，本章给出的方法更加轻量级，更加简单易操作，并且不会对数据访问效率带来额外的影响，也不会有更多的系统资源消耗，在数据操作出现错误时，还可以清晰跟踪处理过程中数据操作的状态流转。

参考文献

[1]陆汝钤，韦梓楚编著. 软件移植：原理和技术[M]，北京：国防工业出版社，1991

[2] Wikipedia, virtual machine, http://en. wikipedia. org/wiki/Virtual _ machine [EB/OL]

[3]L. H. Seawright, R. A. MacKinnon. VM/370 – a study of multiplicity and usefulness[J]. IBM SYST J, 1979, V18(1): 4 – 17

[4]Wikipedia, https://en. wikipedia. org/wiki/Windows_3. 0[EB/OL]

[5]关于大力推进信息化发展和切实保障信息安全的若干建议. 中国：国务院,2012

[6]国产基础软件 http://baike. baidu. com/view/3701343. htm[EB/OL],2008

[7]Popek, Goldberg. Formal Requirements for Virtualizable Third Generation Architectures[J]. Communications of the ACM, 1974, V17(7): 412 –421

[8]Martin Fowler. Refactoring: Improving the Design of Existing Code[M]. Boston: Addison – Wesley, 2002

[9]周明德，冯惠，王有志等. GB/T 11457 信息技术软件工程术语[S]. 北京：中国标准出版社，2006

[10]K. Wong, B. D. Corrie, H. A. Muller, M. – A. D. Storey, Scott R. Tilley, and Michael Whitney. Rigi V user's manual[R]. Part of the Rigi distribution package, 1994

[11]Bellay B, Gall H. A comparison of four reverse engineering tools[C]. Proceedings of the 4th Working Conference on Reverse Engineering WCRE'97. Amsterdam, 1997: 2 –11

[12]Eldad Eilam. Reversing: Secrets of Reverse Engineering[M], English, 2005. 595pp. ISBN 0764574817

[13]韩琪，杨艳，王玉英，李娜. Reversing：逆向工程揭密[M]，Simplified Chi-

nese, 2007. 598pp. ISBN 9787121049958

[14] 9Rays. Net, www. 9rays. net[EB/OL]

[15] Wikipedia, Reverse Engineering, http://en. wikipedia. org/wiki/Reverse_engineering[EB/OL]

[16] E. J. Chikofsky and J. H. Cross II, Reverse engineering and design recovery: a taxonomy[J], IEEE software, 1990, V7(1): 13 – 17

[17] 李必信，李宣东，郑国梁. 程序理解研究与进展[J]. 计算机科学，1999，V26(5): 84 – 90

[18] 李必信，郑国梁，李宣东，张勇翔，梁佳. 软件理解研究与进展[J]. 计算机研究与发展，1999，V36(8): 897 – 906

[19] A. Eisenberg and K. D. Volder. Dynamic Feature Traces: Finding Features in Unfamiliar code[C], In Proceedings of the International Conference on Software Maintenance(ICSM'05), 2005: 337 – 346.

[20] 李必信，郑国梁，王云峰，李宣东. 一种分析和理解程序的方法——程序切片[J]. 计算机研究与发展. 2000，V37(3): 284 – 291

[21] M. Weiser. Program slicing[J]. IEEE Transactions on Software Engineering, 1982, v. 10(4): 352 – 357

[22] F. Tip. A survey of program slicing techniques[J], Journal of programming languages. 1995, V3: 121 – 189.

[23] Cai J, Yang X. Implementation of migration based on static analysis tool OINK [C]. Information Science and Engineering (ICISE), 2010 2nd International Conference on. IEEE, 2010: 4558 – 4561

[24] Harsu M. Re – Engineering Legacy software through language conversion[D]. Technical Report, A – 2000 – 8, Department of Computer and Information Sciences, University of Tampere, 2000

[25] 何炎祥等. 编译原理[M]. 武汉：华中科技大学出版社. 2000. 10

[26] Kontogiannis K, Martin J, Wong K, et al. Code migration through transformations: An experience report[C]. CASCON First Decade High Impact Papers. IBM Corp., 2010: 201 – 213.

[27] J. Martin and H. A. Muller. Discovering Implicit Inheritance Relations in Non

Object - Oriented Code[M], Advances in Software Engineering. Springer New York, 2002: 177 - 193.

[28]Johannes Martin, Hausi A. Muller. C to Java Migration Experiences[C]. Proceedings of the Sixth European Conference on Software Maintenance and Reengineering(CSMR'02), 2002: 143 - 153.

[29]J. Martin. Ephedra: A C to Java Migration Environment[D], University of Victoria. 2002 http://www.rigi.csc.uvic.ca/~jmartin/Ephedra

[30]Eric J. Byrne: Software Reverse Engineering[J]. Software, Practice and Experience. 1991, VOL. 21(12): 1349 - 1364,

[31]Ted J. Biggerstaff, Design Recovery for Maintenance and Reuse[J], Computer, Computer Society Press IEEE, 1989, V2: 36 - 49, ISBN:0018 - 9162

[32]Wilde N, Casey C, Vandeville J, et al. Reverse engineering of software threads: A design recovery technique for large multi - process systems[J]. Journal of Systems and Software, 1998, 43(1): 11 - 17

[33]Mendonça N C, Kramer J. Architecture recovery for distributed systems[C]// SWARM Forum at the Eight Working Conference on Reverse Engineering. 2001.

[34]M. Brodie, and M. Stonebraker. Migrating Legacy Systems: Gateways, Interfaces and the Incremental Approach[M], Morgan Kaufmann Publishers, 1995

[35]Lei Wu, Houari Sahraoui, Petko Valtchev. Coping with Legacy System Migration Complexity[C]. Proceedings of the 10th IEEE International Conference on Engineering of Complex Computer Systems (ICECCS'05), IEEE Computer Society. 2005:600 - 609

[36]Jesus Bisbal, Deirdre Lawless, et al. An Overview of Legacy Information System Migration[C]. Fourth Asia - Pacific Software Engineering and International Computer Science Conference (APSEC97 / ICSC97), IEEE Computer Society. 1997:529 - 530

[37]Silberschatz, Abraham, Galvin, Peter Baer, Gagne, Greg. Operating System Concepts[M]. Hoboken, NJ: John Wiley & Sons. 2008). ISBN 978 - 0 - 470 - 12872 - 5

[38]毛德操，Windows 内核情景分析[M]，电子工业出版社，2009，

ISBN：9787121081149

[39]俞甲子,石凡,潘爱民. 程序员的自我修养——链接、装载与库[M]. 电子工业出版社. 2009. ISBN：9787121085116

[40]Wikipedia, WINE, http://en.wikipedia.org/wiki/Wine_(software) [EB/OL]

[41]Chiueh S N T, Brook S. A survey on virtualization technologies[J]. RPE Report, 2005：1－42.

[42]winlib. Wine HQ[R], Retrieved 29 June 2008

[43] Geoffrey J. Noer, Cygwin：A free win32 porting layer for UNIX Application [OL], August 1998, Cygwin distribution is available at http://www.cygwin.com/

[44]Goldberg R P. Survey of virtual machine research[J]. Computer, 1974, 7(6)：34－45.

[45]Popek G J, Goldberg R P. Formal requirements for virtualizable third generation architectures[J]. Communications of the ACM, 1974, 17(7)：412－421.

[46]金海等. 计算系统虚拟化——原理与应用[M]. 北京：清华大学出版社, 2008

[47] J. E. Smith, R. Nair. Virtual Machines：Versatile Platforms for Systems and Processes[M]. Beijing：Electronic Industry Press,2006

[48] R. P. Goldberg. Survey of Virtual Machine Research[J]. IEEE Computer, 1974, 7(6):34－45

[49]Bard Y. An analytic model of the VM/370 system[J]. IBM Journal of Research and Development, 1978, 22(5)：498－508.

[50]IBM Virtual Machine Facility/370 Planning Guide. IBM Corporation Publication No. GC20－1814－0[R], 1973

[51]P. Barham, B. Dragovic, K. Fraser, S. Hand, T. Harris, A. Ho, R. Neugebauer, I. Pratt, A. Warfield. Xen and the art of virtualization[C]. In Proceedings of the 19th ACM Symposium on Operating Systems Principles, October 2003, pages：164－177

[52]The Xen project. http://www.cl.cam.ac.uk/Research/SRG/netos/xen/, 2010 [EB/OL]

[53]The Xensource Company. http://www.xensource.com/, 2010[EB/OL]

[54]VMware," VMware workstation". http://www.vmware.com/products/deskdop/ws features.html [EB/OL]

[55]Jay Munro. Virtual Machine and VMware[M]. PC Magazione. 2001,12(21)

[56]Microsoft. Microsoft virtual PC. http://www.microsoft.com/windows/virtual - pc/, 2010[EB/OL]

[57]Wikipedia, Java virtual machine, http://en.wikipedia.org/wiki/Java_Virtual_Machine[EB/OL]

[58]B. Venners. The lean, mean, Virtual machine An introduction to the basic structure and functionality of the Java Virtual Machine[M]. Java World, 1996

[59]Common Language Runtime Overview, http://msdn.microsoft.com/en - us/library/ddk909ch (vs.71).aspx[EB/OL]

[60]Qumranet Inc. KVM: Kernel - based Virtualization Driver White Paper[R]. Qumranet Inc, 2006

[61]Fabrice Bellard. Qemu, a fast and portable dynamic translator[C]. In ATEC'05: Proceedings of the annual conference on USENIX Annual Technical Conference, Berkeley, CA, USA, 2005. USENIX Association

[62]Weiser M. Program slicing[C]. Proceedings of the 5th international conference on Software engineering. IEEE Press, 1981: 439 - 449.

[63]Wikipedia, Linux Unified Kernel, http://en.wikipedia.org/wiki/Linux_Unified_Kernel. Linux [EB/OL]

[64]毛德操. 胡希明. Linux 内核源代码情景分析[M]. 杭州: 浙江大学出版社, 2001

[65]Asad, Taimur. Google Releases Android 3.0[R]. Tom's Guide. 28 April 2011

[66]GoogleCode. Android Code[EB/OL]. http://code.google.com/android/adc.html, 2011

[67]Android Developer. What's Android[EB/OL]. http://developer.android.com/guide/basics/what - is - android.html, 2011

[68]Bisbal J, Lawless D, Wu B, et al. Legacy information systems: Issues and directions[J]. IEEE software, 1999 (5): 103 - 111.

[69] Wu B, Lawless D, Bisbal J, et al. The butterfly methodology: A gateway – free approach for migrating legacy information systems[C]. Engineering of Complex Computer Systems, 1997. Proceedings., Third IEEE International Conference on. IEEE, 1997: 200 – 205.

[70] Bisbal J, Lawless D, Wu B, et al. An overview of legacy information system migration[C]. Software Engineering Conference, 1997. Asia Pacific... and International Computer Science Conference 1997. APSEC 97 and ICSC 97. Proceedings. IEEE, 1997: 529 – 530.

[71] Wu B, Lawless D, Bisbal J, et al. Legacy systems migration – a method and its tool – kit framework[C]. Software Engineering Conference, 1997. Asia Pacific... and International Computer Science Conference 1997. APSEC 97 and ICSC 97. Proceedings. IEEE, 1997: 312 – 320.

[72] Smith J E, Uhlig R. Virtual Machines: Architectures, Implementations and Applications [OL]. 2005, http://www.hotchips.org/archives/hc17/1_Sun/HC17.T1P2.pdf

[73] Li F. Data Persistence Layer[J]. Developing Chemical Information Systems: An Object – Oriented Approach Using Enterprise Java, 186 – 203

[74] Li P, Zhu G, Wu B. Research on the implementation of data persistence layer based on iBatis SQL Map[J]. JOURNAL – ZHEJIANG UNIVERSITY OF TECHNOLOGY, 2008, 36(1): 72

[75] SU F, LIU G, WANG H. Hibernate solution for DBMS persistence layer[J]. Computer Engineering and Design, 2008, 29(12): 2991 – 2997

[76] Wu Q, Hu Y, Wang Y. Research on data persistence layer based on hibernate framework[C]. Intelligent Systems and Applications (ISA), 2010 2nd International Workshop on. IEEE, 2010: 1 – 4

[77] Jie L I. Research and Application of Lightweight Data Persistence Technology Based on ORM [J]. Computer Science, 2010, 9: 190 – 193

[78] Xiaohui M. Design and implementation of data persistent based on J2EE [J]. Computer Engineering, 2007, 5: 096

[79] Dykes P J, Kan T C, Newport W T, et al. Framework to allow one CMP EJB to

connect to multiple data sources: U. S. Patent 7,734,653[P]. 2010-6-8

[80]Marr S. The JDO Persistence Model[J]. 2005

[81]Bauer C, King G. Hibernate in action[J]. 2005

[82]design Patterns D. Data access object[J]. 2013

[83]Korthaus A, Merz M. A Critical Analysis of JDO in the Context of J2EE[C]. Software Engineering Research and Practice. 2003: 34-42

[84]Chun-ming Y. BMP Development with the Java Reflection Mechanism in J2EE Applications[J]. Computer Engineering & Science, 2006, 9: 038

[85]Hao H, Xuguang S, Jingfeng G. A Developing Method for Improving the Performance of BMP EntityBean[J]. Journal of Beijing Electrenic Science and Technology Institute, 2004, 2: 016

[86]Stampfli M. Efficient Object-Relational Mapping for JAVA and J2EE Applications - or the impact of J2EE on RDB[J]. Oracle Software, 2004

[87]Fowler M. UML distilled: a brief guide to the standard object modeling language [M]. Addison-Wesley Professional, 2004

[88]Rumbaugh J, Jacobson I, Booch G. Unified Modeling Language Reference Manual, The[M]. Pearson Higher Education, 2004

[89]Yanco H A, Baker M, Casey R, et al. Analysis of human-robot interaction for urban search and rescue[C]. Proceedings of the IEEE International Workshop on Safety, Security and Rescue Robotics. 2006: 22-24

[90]Bray T, Paoli J, Sperberg-McQueen C M, et al. Extensible markup language (XML)[J]. World Wide Web Consortium Recommendation REC-xml-19980210. http://www. w3. org/TR/1998/REC-xml-19980210, 1998, 16

[91]Klarlund N, Schwentick T, Suciu D. XML: model, schemas, types, logics, and queries[M], Logics for Emerging Applications of Databases. Springer Berlin Heidelberg, 2004: 1-41

[92]Decker S, Melnik S, Van Harmelen F, et al. The semantic web: The roles of XML and RDF[J]. Internet Computing, IEEE, 2000, 4(5): 63-73

[93]Weihong H, Fuyan Z. MARC Metadata Description Approach Based on XML/RDF [J]. JOURNAL OF THE CHINA SOCIETY FOR SCIENTIFIC AND

TECHNICAL INFORMATION, 2000, 4: 006

[94] Akerkar R. Foundations of the semantic Web: XML, RDF & ontology[M]. Alpha Science International, Ltd, 2009

[95] Beckett D, McBride B. RDF/XML syntax specification (revised)[J]. W3C recommendation, 2004, 10

[96] Horrocks I, Patel - Schneider P F, Van Harmelen F. From SHIQ and RDF to OWL: The making of a web ontology language[J]. Web semantics: science, services and agents on the World Wide Web, 2003, 1(1): 7 - 26

[97] McGuinness D L, Van Harmelen F. OWL web ontology language overview[J]. W3C recommendation, 2004, 10(10): 2004

[98] Bechhofer S. OWL: Web ontology language[M]. Encyclopedia of Database Systems. Springer US, 2009: 2008 - 2009

[99] Antoniou G, Van Harmelen F. Web ontology language: Owl[M]//Handbook on ontologies. Springer Berlin Heidelberg, 2004: 67 - 92

[100] 邓志鸿，唐世渭，张铭，等. Ontology 研究综述[J]. 北京大学学报（自然科学版），2002，38(5)：730 - 738

[101] 杜小勇，李曼，王珊. 本体学习研究综述[J]. 软件学报，2006，17(9)：1837 - 1847

[102] Noy N F, McGuinness D L. Ontology development 101: A guide to creating your first ontology[J]. 2001

[103] Smith B. Ontology[J]. 2003

[104] Wang X H, Zhang D Q, Gu T, et al. Ontology based context modeling and reasoning using OWL[C]. Pervasive Computing and Communications Workshops, 2004. Proceedings of the Second IEEE Annual Conference on. Ieee, 2004: 18 - 22

[105] Roman D, Keller U, Lausen H, et al. Web Service Modeling Ontology[J]. Applied ontology, 2005, 1(1): 77 - 106

[106] Uschold M, Gruninger M. Ontologies: Principles, methods and applications [J]. The knowledge engineering review, 1996, 11(02): 93 - 136

[107] Uschold M, King M. Towards a methodology for building ontologies[M]. Edin-

burgh: Artificial Intelligence Applications Institute, University of Edinburgh, 1995

[108] Grüninger M, Fox M S. Methodology for the Design and Evaluation of Ontologies[J]. 1995

[109] Fox M S, Barbuceanu M, Gruninger M. An organisation ontology for enterprise modeling: Preliminary concepts for linking structure and behaviour[J]. Computers in industry, 1996, 29(1): 123 – 134

[110] FERNANDEZ M, PEREZ A G, PAZOS J, et al. Ontology of tasks and methods [J]. IEEE Intelligent Systems and Their Applications, 1999, V14(1):37 – 46

[111] Na H S, Choi O, Lim J E. A method for building domain ontologies based on the transformation of UML models[C], Software Engineering Research, Management and Applications, 2006. Fourth International Conference on. IEEE, 2006: 332 – 338

[112] Lee C S, Kao Y F, Kuo Y H, et al. Automated ontology construction for unstructured text documents[J]. Data & Knowledge Engineering, 2007, 60(3): 547 – 566

[113] Raufi B, Ismaili F, Zenuni X. Modeling a complete ontology for adaptive web based systems using a top – down five layer framework[C], ITI. 2009: 511 – 518

[114] Nardi D., Brachman R.. The Description Logic Handbook: Theory, Implementation and Applications[M], Chapter 1: An Introduction to Description Logics. U. K.: Cambridge University Press, 2003: 5 – 44

[115] MSDN Library. http://msdn. microsoft. com/en – us/[EB/OL]

[116] Linux Manual Page. http://man. he. net/[EB/DK.]

[117] 范文庆，周彬彬，安靖. 精通 Windows API:函数、接口、编程实例[M]. 北京：人民邮电出版社，2009.2

[118] 倪光南. 兼容内核[J]. 软件世界，2006，23：037

[119] 金丽敏，毛德操. 兼容内核 来龙去脉？[J]. 软件世界，2007（23）：47 – 48

[120] 魏东. 计算机软件系统故障的确诊与处理技术研究[J]. 电子技术与软件

工程, 2015 (7): 62 - 62
[121] 张凯龙. 传统 OA 的 Linux 中间件平台移植技术及其实现 [D]. 陕西: 西北工业大学, 2003